星空への旅——地球から見た天体の行動

Originally published in Dutch under the title Zon, maan en sterren
by Elisabeth Mulder/Uitgeverij Christofoor, Zeist 1979

目次

前書き

この小冊子は、読者自身が独力で星空への旅にでかけられるように考えて書かれた手引き書であるが、実を言うと、高等学校における授業や成人を対象とする公開講座などで、私が多年にわたって行って来た天文学の講座をまとめたものである。そのような講義で私の直面した問題は、みな同じ性質のものであった。すなわち、受講者達に、地平線、天の赤道、黄道、などの概念を理解させるのはそんなに難しくなかったが、彼等が実際に星空の下に行った時、これらの概念が役に立つことなどほとんど無いに等しかった。私は生徒が天の現象を単に概念的に理解するのみではなく、それを実感をもって体験できるような天文学を講義するように、要請されているのを感じた。太陽の昇り沈み、四季の変化などを体験しているのは単に人間の頭だけではなく、総体としての人間だからである。

天の現象を、単に天文学的に説明するだけではなく、それを身体で実感できるようにしようということの本のねらいは、初めのうちは読者を困惑させるかも知れない。しかし我慢づよく思考の糸をたどっていって、必要な場合には説明にしたがって実際に身体を動かしてみて下さるように心から読者にお願いしたい。地平線、天の赤道および天の両極を取り扱っている第一章をそうやって読み通して下されば、いつの間にか読者自身の思考活動が積極的にはたらき始めているのに気づかれ、これまで抽象的な概念にすぎなかったものが具体的なイメージとなっているのにお気づきになることと思う。皆さんは星空の勉強が一つの発見旅行だということを忘れてはならない。それは時間がかかり、苦労の多い旅行であるが、私達の日々の生活と密接な関係にある色々な世界を私達が自分自身の目で確かめることのできる旅行である。それゆえにこの本は、私達が実際に目で見ることのできる事実から出発しているのであって、現代科学の最新の成果をふまえながら、しかも専門家向きの抽象的学術的説明を採っていない。宇宙の諸現象を観察するこの本の立場はあくまで人間をその中心にすえたものであって、宇宙が人間によって地球の側から眺められ、体験されるように構成されているのである。

宇宙の中に生じる諸現象と人間との深い結びつきがこの本によって読者に理解されますように、そして、私にこの本を書かせた星空へのあこがれと感動とが皆さんに伝わりますようにと、私は祈っている。

序章

太陽や月や星は、山や海や川や森などと同じように、私達の生きている世界に属している。私達が地上を歩み進んで行くと、足下の風景が変化していくだけでなく、頭上の星空の様子もまた変化していく。

だから、河の名前を覚えたり国の名前を学んだりするのと同じように、星の名前を知りたいと思うのは、ごく自然のことであろう。また、月の姿が変わっていくのを見たり、冬と夏では見える星空の違うことに気づいたりした時、その理由を知りたくなるのも当然である。都会は照明で輝き、そこでは星空を見ることがほとんどできなくなってしまったが、多くの若者達は休暇になるとテントを携えて旅に出、星の光をさえぎるものの無い大空の下で恒星表や回転式星座表を手にして夜をすごす。これは星達となかよしになる一番の良い方法なのだが、特に効果的なのは、星座の観察を冬の間も続行することである。

だが次の段階として、自分の目で観察した現象の説明をごく普通に手に入る天文学の本の中に求めると、たいていの場合は失望落胆させられるのがおちである。というのは、私達をあんなに魅惑した天の現象は、太陽の昇り沈みにしても、一年をとおして常に変化していく諸星座の位置にしても、すべて感覚上の錯覚にすぎないと述べられているからである。学問的な立場から言えば、現代天文学の説明は確かに正しいのだが、しかし、星空が好きで、しばらく見えなかったオリオンが秋になって姿を現わすと、まるで親しい友達に再会したように思うほど、星達を身近に感じている人だったら、そのような学問的説明を読むと自分が生きた人間として体験している星の世界とこんな感覚錯誤の世界とはまるで無関係だ、という印象を受けるに違いない。

そういう気持ちをもったが最後、その人は天文学の教科書を難しく理解できないものだと思って、かたわらにほうりだしてしまうだろうが、その時に見逃しやすいのは、自分が腹を立てている本当の理由は、大好きな星空をただの機械の構造と同じように扱わされるところにある、という事実である。

機械的構造としての星空はプラネタリウムに再現されている。星空に見られる様々な運動を理解するには、確かにプラネタリウムは大変役に立つ。あるプラネタリウムでは楕円形のホールの中を観客が小さい車に乗って移動できるようになっている。ホールの壁に十二獣帯の星空が描き出され、中央には太陽がつり下げられている。お客の乗っている小さな車は十二分間で一巡するようになっており、一分間毎に太陽が別の獣帯星座の前に位置するのが見える。このようにすれば、現代天文学の所説どおり太陽のまわりを地球が回る軌道がどんなものかが、実によくわかる。またプラネタリウムでは木星の描く軌道もよく観察でき、この惑星が一度あともどりして、しばらくしてまた先に進み始めるという現象も簡単に見ることができる。しかし実際にこの運動を完結するのに、木星は十二年という時間を必要とする。一度プラネタリウムの中で星空の動きを学び、理解してしまった人が、本当の空を眺めて、木星のゆっくりとした歩みを自分の目で追跡して行く根気をもてるものかどうか、これはおおいに疑問である。

星空を眺めていると、人の心の中に感嘆と驚異の念が生じる。プラネタリウムの複雑な機械仕掛けは、たかだか技術への感嘆しか呼び起こさない。プラネタリウムを見学に来た小学生の一クラスを見ていれば、このことはすぐにわかるのであって、いかに子供達が機械構造の妙に「面白がって」いても、彼等の心が感動に包まれることはないのである。

現代天文物理学の最近の成果について述べている本ならば、ポケット版でたくさん出ており、どんな小さい本屋ででも手に入る。それらの本の著者はみな斯界の権威者達であって、たとえばアルベルト・アインシュタイン、フォン・ヴァイツゼッカー、フレッド・ホイル、ガモフ等々である。

現代核物理学と日々に驚くほど進歩しつつある機器類の使用とは、天文学に全く新しい道を拓いた。専門の天文学者ならばこういう本を読むとその中に知るべき価値のあることをたくさんみつけだすに違いない。しかし門外漢や素人が本を開いてみてもこういう核分裂から生じた宇宙と人間である自分と、どこでどのようにつながり合っているのかを摑むのに、ただただ苦労するばかりである。

その昔、占星術が目指していたのは、人間と星の世界との深いつながりを知ることであった。それはプラネタリウムの機械仕掛けによっても、核物理学の上に構築された学術的知見によっても、手に入れることのできないものである。

エジプト人やカルデア人やバビロニア人はロゴス、つまり星辰の言葉を、星座から読みとっていた。彼等は占星術の教えるところにしたがって社会生活を営んでいた。古代の諸民族にとっては星座は神々の住みたもう所であった。パリのルーブルにある有名なデンデラの獣帯図では恒星と惑星とが神々や動物の姿で描かれており、わずかに石面の周辺にいくつかの小さな星の群が見られるところから、この図全体が星空を描いたものであることが知られるのである。ギリシャの天文学者プトレマイオス（エジプト生まれ、八五―一六〇頃アレキサンドリヤに住む）は古代の占星術を整理して『テトラビブロス』という著書にまとめたが、これが中世の占星術者達によって立つ虎の巻きとなり、現代の占星術もあいかわらずこの本を基礎にすえている。

プトレマイオスはしかしまたはじめて天文学の本を書いた人でもあり、こちらは『アルマゲスト』という書名で伝えられている。天文学が生まれるのは、実にギリシャ文化期のことなのである。アストロミー（天文学）という言葉に含まれているノモスという言葉は法則を意味しており天の現象（アストラ）の法則が発見されるまでには何百年もの研究が必要とされたのであった。この仕事がどんなに大変なものであったかは、ギリシャの哲学者達や数学者達の手に成る無数の、多種多様な宇宙論を見れば、よく想像がつく。

このようにして当時より天体の運動が発見され、それを数学的に説明しようという試みが緒に就き始めたが、そういう研究と並んで、諸々の惑星は神々であって、彼等は人間の運命に絶えず働きかけているのだという考えもまた、長い間生きつづけた。ゼウス（ジュピター―木星）　アフロディテ（ヴィーナス―金星）　アーレス（マルス―火星）等等は惑星神であって、彼等の住む世界は惑星界と呼ばれた。
ギリシャ文化期中に歩みぬかれた人類の意識の変化過程は、実に偉大なものであった。人間は惑星の神々の住む世界の中に安心していだかれている存在から脱け出して、惑星の軌道を計算できるようになり、自分自身、思索する存在として宇宙に対抗して自立するものと化した。その結果宇宙はだんだんと人間との結びつきを弱めていき、離れ去っていった。宇宙が人間からどんなに遠くなってしまったかは、現在では天体と地球との距離を光年という単位で測っているという事実に端的に見てとれる。一光年とは光が一年かかって達する距離だから 9463×1012 ｋｍであり、宇宙の中で地球に一番近い所にある恒星である天の南半球のケンタウルス座α星は地球から四・三光年の位置である。

古代ギリシャで天文学が発足してから現代のプラネタリウムの時代まで、長い長い年月が経過した。その間に横たわる数百年の間になされた発明発見は質量ともに大変なもので、たとえば望遠鏡などもその一つである。プトレマイオスの世界像は天動説であった。すなわち、人間の住んでいるこの大地が大宇宙の不動の中心点であり、あらゆる天体の運動は、太陽の動きも星座の移動もすべて含めて、この大地を中心として生起すると考えられていた。彼はその著『アルマゲスト』の中でまだ「惑星達の住む世界」という表現を使っていた。その後ニコラウス・コペルニクス（一四七三—一五四三）の世界像が生みだされるまでの千四百年以上の間、プトレマイオスの説はすべての天文学説の基盤であった。これをくつがえし、今日でもなお間違いのないものとして通用し続けているコペルニクスの世界像は太陽中心説である。太陽が惑星軌道の中心に位置し、惑星の一つである地球は一年かかって太陽のまわりを一周する。この考え方によって地球を二十四時間で一周する「透明球体」というものがあるという古代の考え方も、同じように否定された。二十四時間で一巡する星空の運動は、地球自身の軸回転の反映にすぎないわけである。こうしてはじめて惑星体系を一つのメカニズムとして理解することが可能となった。透明球体があえなく砕け去った後は、私達と天体との距離がとほうもなく遠いものとなり、光年という単位を用いて言い表わすことになったのである。

かつて占星術が説いていた様な、人間と星空との親密な関係は、もうすっかり消え失せてしまっている。星達との間に納得のいくような結びつきをもう一度作り出したいという人のいないはずはないのだが、しかしそのような満足はプラネタリウムにおいても、現代天文学の本を読んでも、与えられはしない。かと言って、占星術は天文学以前の段階のものだし、天文学をとびこして何かをすることは、結局のところ私達にはできない。

惑星界に住んでいたのは、私達の主、つまり惑星の神々であった。現代の言葉で言いなおすなら、それは各々の惑星が持つ質といってよいであろう。現代の天文学のやり方は、徹底して「量的」である。すなわち現代天文学は惑星の公転周期を算出し、質量や体積などを測定する。またスペクトル分析法を用いて、天体の物質的構造を研究する。しかし、木星と金星とでは、たとえその天空で光る明るさが同じであったとしても、それぞれから受ける印象は全く違う。このことに私達が気づいても、量だけを問題にしている現代天文学からは、この印象の違いについての説明を得ることはできない。そうかといって、古代の宇宙体験に戻ろうとするのが無意味なことは言を要しない。自ら思索する存在となった人間は、すでにその階程から脱出してしまっているからである。もし私達が宇宙と納得のいく関係を結ぼうと思うのならば、私達はまさに自ら思索する存在であるという地点から出発しなければならない。

私達は現代にふさわしい宇宙体験に到達することが可能である。そしてその際、過去の考え方に逆戻りすることなく、現代天文学の与えてくれる莫大な資料をいささかも無駄にしないで、機械論的世界像を通り抜け、宇宙の中に存在するものの質にまで達することができる。このことを私達は実際にこの本で示したいと思うのである。

第一章　人間空間と地球空間

――地平線と天頂　天の赤道と天の極点

地平線が何であるかは誰でも知っている。それは見かけの上で空と大地が接触している線のことである。この地平線は私達の視野の限界を示す線である。なぜかというと私達のまなざしは私達の地平線より先へ達しないからである。

「完全な」地平線は、大洋のまっただ中にいる時にしか見ることができない。私達が広い野原や平野にいる場合でも、たいていの場合、地平線は教会の塔とか屋根とか立木の一群などによってさえぎられてしまう。山においてもこの完全な視野限界線を見るためには、非常に高い頂に登らなくてはならない。しかしそこでも地平線は、他の山の頂によって「ぎざぎざに切断されて」しか見ることができない。

誰も地平線を一度に完全な形で見渡すことはできない。地平線の全体像をうるためには、一つの像を次の像につなぎ合わせながら、目に留めたものをしっかり覚えておいて、私達のまなざしが再び出発点に戻ってくるまで、長い間私達の体軸を回転させなくてはならない。しかしこの際、私達は自分が立っている場所を変えてはいけない。なぜなら立っている場所が変わると地平線も変わるからである。私達が動いていく方向では、次第にこれまで見えなかったものが姿を現わし、それと反対側では、これまで見えていたものが見えなくなっていく。その時私達の頭のてっぺんのまっすぐ上にある点、すなわち天頂もまた変わっていく。

天頂と地平線は個々一人一人の人間が別々にもっている。というのは、自分のすぐそばに立っていても、それぞれの人間は別の違った点を天頂として自分の上に持ち、またほんのちょっと違った地平線を持っているからである。

私達は私達の観察点と地平線との間の距離を、地上的長さの単位で測ることはできない。その距離を測ろうとすれば地平線に向かって歩いていかなければならないのだが、そうすれば地平線は私達が地平線に向かって歩いた分だけ、私達から離れていく。天頂に関しても同じことが言える。私達が非常に高い塔の上に登っていったとしても、それで天頂にすこしも近づくことにはならない。それゆえこの二つは私達から無限に離れていると言える。

私達が天球（というイメージ）にそって、天頂と地平線のすべての点とを結び合わせるとするなら、無限に大きな半球ができあがる。その半球は地球上どこに向けて歩みを進めようが、私達と一緒に歩いていく（一図）。この図から、人間の体軸と地平は、直角すなわち九十度をなしており、また天頂から天にそって地平線まで測ると、同じように九十度であるということが理解される。私達の目に見える半球に対して目に見えない半球があってその目に見えない半球の最も遠い点、つまり天頂の正反対にある点は、天底点と呼ばれている。天底点もまた地平線のすべての点から九十度離れている。

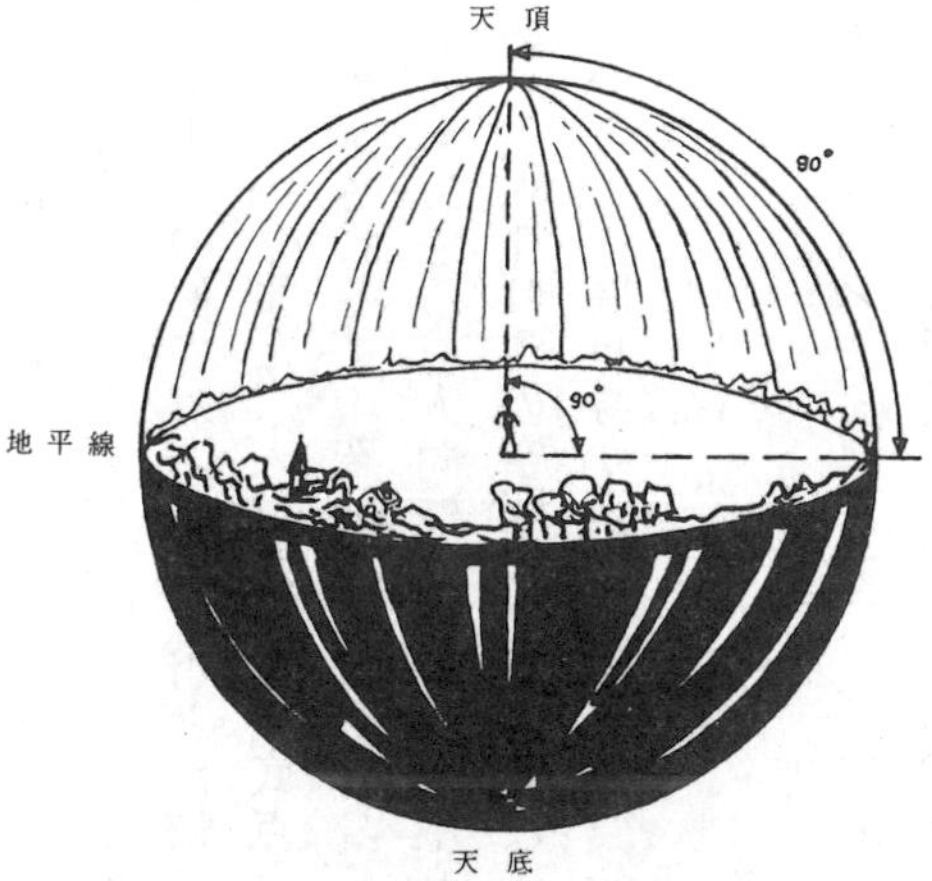

一図

地平線によって二つの半球に分けられている無限に大きな球の最も遠くにある点は、極と呼ばれている。この二つの極がすなわち天頂と天底点であって、この無限に大きな球を人間中心に見た空間と呼ぶことができる。私達が地球上および空において認知しようとするすべては、人間中心に見た空間の目に見える半分の中で生起しなくてはならない。そしてある一人の人間が物事をとらえようとする際には、彼の認知作用は、この人間中心空間の半分の内部にしか及ばない。

もちろん人は、天頂と地平線を抽象的な点、抽象的な円として眺めることができ、そしてこの二つの点を他の宇宙論の他の点、および円と比較することができる。しかしまた、人は天頂と天底点と地平線によって規定されるこの空間を、自分自身のものとみなすこともできる。人間はこの空間の中心点にあるのであり、私達はこの空間に人間空間ないしは人間領域という、人間自身から出発する性質を見ることができる。

天文学者のヨハネス・ケプラー（一五七一――一六三〇）は、地球を「呼吸し、魂をもち、宇宙からやってくる様々の印象を、感覚器官をもって知覚するのと同じように知覚し、かつまたそれに対し反応する一つの生きた生体である」と言っている。

ケプラーはコペルニクス的天体系の考え方の最初の熱烈な信奉者の一人であり、そしてそれが一般に認められるために大変努力した。コペルニクスは地球から惑星系の中心点という優越性を奪い取ってしまったのであるが、私達はまさに、コペルニクスによって地球は単に物質的なものにすぎず、また少々歪められた球であるとみなすべきであると教えられたのである。コペルニクス後の数百年の間に科学は、地球の化学的、力学的な性質を徹底的に研究した。詩人ならいまだ、「母なる大地」と言うことが許されるだろうが、科学者は今日ではケプラーが言ったように、植物を地球という生体の髪の毛であるとは言わないであろう。しかしながらそれにもかかわらず、もし私達が全くとらわれのない気持ちで自然現象を自分の上に作用させてみるならば、ケプラーがいったことを今日でも追感できるのである。

おそらく誰でも、長い乾燥期の後初めて雨が降る時に、地球が「息を吸い込む」さまを、今まで見たことがあろう。それは都会にある小さな庭の中でも観察されることである。冬になって特に雪でも降った際には、地球は宇宙から閉ざされて自分自身の中に閉じ込められたように感ずる。しかし春がやってくると、地球は孤独にとじこもることを止めて、あたかも鋭い感覚をもった人のように、最初の春の花を地上に咲かせる。地球は、最初の光、最初の春の暖かさに向けて目を開く人間の目のようであり、また太陽がもはや輝かなくなった時に再び閉じる目のようである。地球は、植物の成長を促進することによって、だんだんと強くなっていく太陽の、生命を作り出す力に対して、自らの喜びを表現する。地球の生命をこのように体験することができるのは、何も詩人だけではない。

　コペルニクスの体系は私達に、地球が太陽系の惑星のひとつにすぎないということを教えた。しかしこれらの惑星のうちで、たとえば赤い火星は、燦然と輝く木星や、外に一つの輪が取り囲んでいる灰色の土星とは、全く違う印象を与える。惑星の物質的性質、自転、大気組成に関して、科学研究もまた、諸惑星は諸々の点において互いに違っているのだということを示してきた。そして科学は、私達が地球上で生命と呼んでいるような状態が他の惑星にも存在しているかどうかという問題に、今でもなおとりくんでいる。私達の惑星系の大きな関連の中でそれぞれの惑星は、それ自身の個性的な特徴、つまり自身の質をもっている。すなわち火星の性質、金星の性質、土星の性質等々および地球の性質を。

　私達が惑星系の中の地球に対して一つの個性的性質を認めるべきだとするならば、地球もまた一つの固有の空間領域をもたねばならないのであって、この空間領域の中で地球の性質が発揮され、地球は宇宙に生じる出来事を、自分自身のやり方で体験するのである。私達は後で、この考え方は正しいのだということを示すであろう。

　さて私達の人間中心の空間が、地平線、天頂、天底点によって規定されるように、地球中心の空間は何によって規定されるのであろうか？　ちょうど人間の体軸が無限の方向に向かって伸ばされていくと天頂と天底点を示すように、地球の軸は天の両極を示す。そして人間の帯のところを無限に広げていくと地平線となるように、地球の帯（赤道）を無限に広げていくと天の赤道となる。

　天の赤道は地球空間を（天の）北半球と（天の）南半球の二つの部分に分ける。天の北極と天の南極を結ぶ線は、地球空間と垂直になっており、二つの天極もまた、天の赤道のすべての点から九〇度離れている(二図)。実際、天の赤道は地球にとっての地平線である。(訳注、地球の赤道をおしひろげて天球とぶつかるところが天の赤道である。)

人が完全な地平線を見渡そうとするなら、彼は一度体軸を中心に回転すればいいのだが、その際天頂の位置をずらしてはならないということを私達は考察してきた。同様のことを地球は二十四時間かけて行なっている。地球が軸回転、すなわち自転する際、二つの天極は同じ位置にある。そしてすべての星座は地球から二十四時間内に見渡せる。——これに反して人間には人間領域の半分が、地球によっておおい隠されているのである。

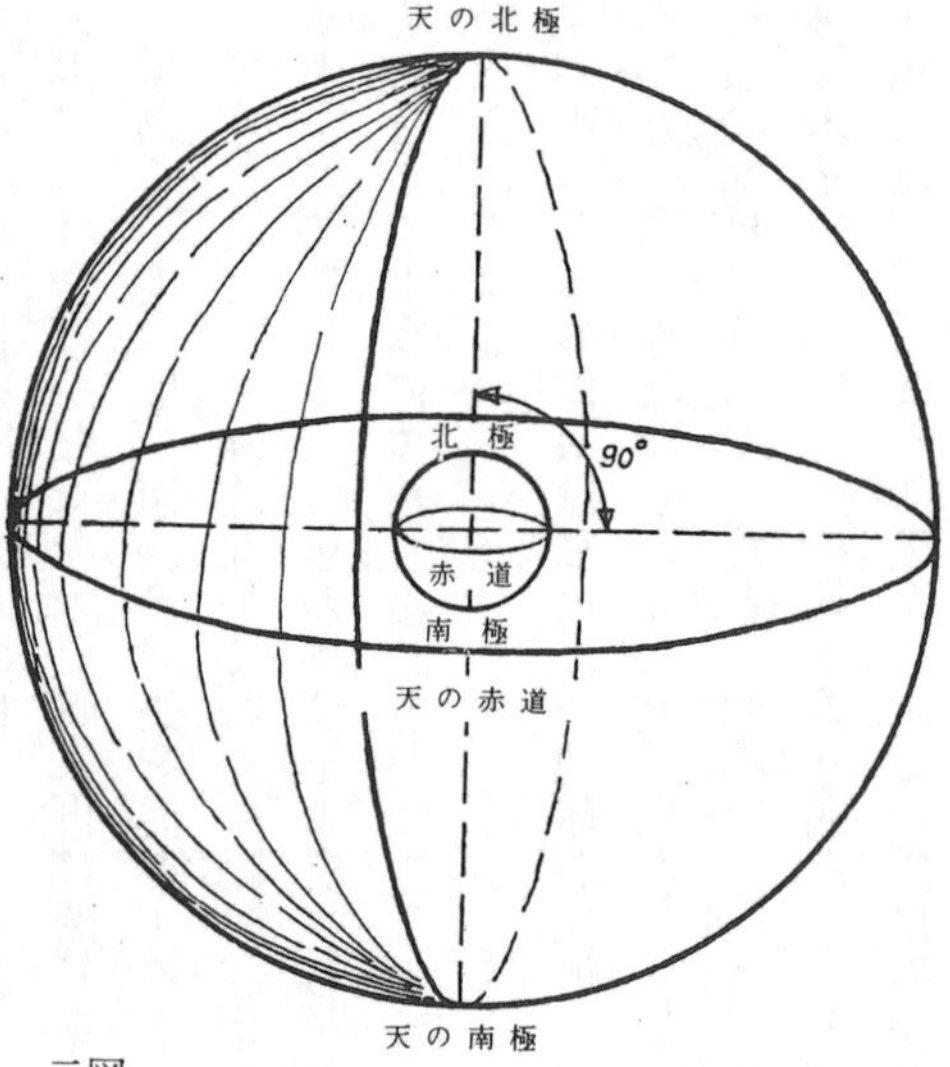

二図

私達が特に極夜(太陽が一日中地平線下にある状態)に極点に立つと太陽は私達の観察を妨げないということの意味を一度考察してみよう。というのは極点では私達の体軸は地球軸の延長線にあり、私達の天頂は、天の北極と一致し、私達の地平線は天の赤道と、すなわち人間領域は地球領域と一致しなくてはならないからである。私達はすなわち北極において、地球領域で行なわれていることを最も理想的に認識できるのである。当然これは南極でも同じである。

地球の軸回転は二十四時間で完了する。天の北極はしたがってある意味で地球の天頂ともいってよく、その位置を変えない。私達が体軸を回転させると地平線が次々と新しい光景を見せてくれるように、地球の地平線すなわち天の赤道には、地球の自転によ

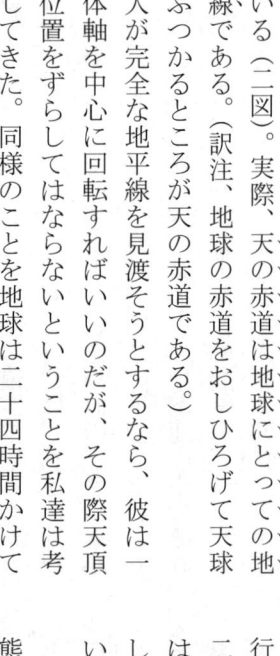

って次々と新しい星座が見えてくる。

　さて私達は冬空で最も目立つ星座、大男の天の狩人、オリオンを一度眺めてみよう。オリオンの帯の中央にある星（三つならんでいる一番右側）デルタ（δ）は、ちょうど天の赤道上に位置している。オリオンの帯の上にある上半身は明るいベラトリックスとベテルギウスをもっていて、天の赤道の上に位置しているから、北極から観察すると地平線の上にある。オリオンの足にあるリゲルを含めて彼の両足は天の赤道の下に位置しているから、北極からは決して見えない。私達は、オリオンの上半身が、二十四時間で地平線上を一周するのを見る。すなわち、私達が観測を始めた地点に再び二十四時間後に戻ってくるのである（三図）。

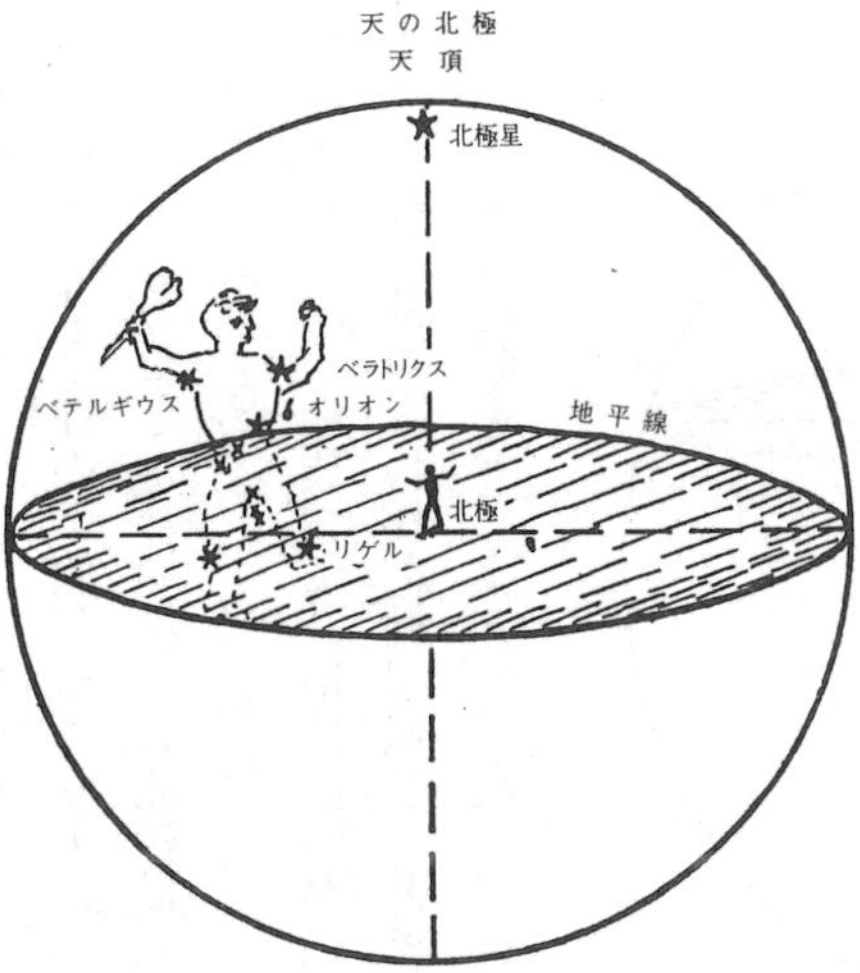

三図

　私達はオリオンの一つ一つの星が、二十四時間の間に各々の軌道を動くのを見る。この動きを星の日周運動と名づけている。また私達は一つ一つの星の日周運動が、天の赤道と平行して動くのを見る。そればかりか、子熊座の尾にあたる星、すなわち北極星すらも、非常に小さな日周運動を描く。というのは、北極星は天の北極と厳密に一致しているわけではないからである。

　かくして私達は、なぜ北極では北半球のすべての星が地平線上にあり、なぜ極夜の際にはいつでもそれらが見られるのか、またなぜそれに反して南半球の星を北極では見ることができないのかが理解できるのである。そしてまた私達は南半球の星も同様に天の赤道と平行して日周運動を描くことを想像しうるのである。私達が南半球の星を見ることができないのは、私達の地平線の下側、つまり天の赤道の下側で起こっていることが今の場合（北極に立った場合）、決して観察できないからである。

それゆえ私達は、地球および地球空間が二十四時間の間に自らの軸のまわりを軸回転してとぎれることのない普遍の運動をどのように行なっているか、

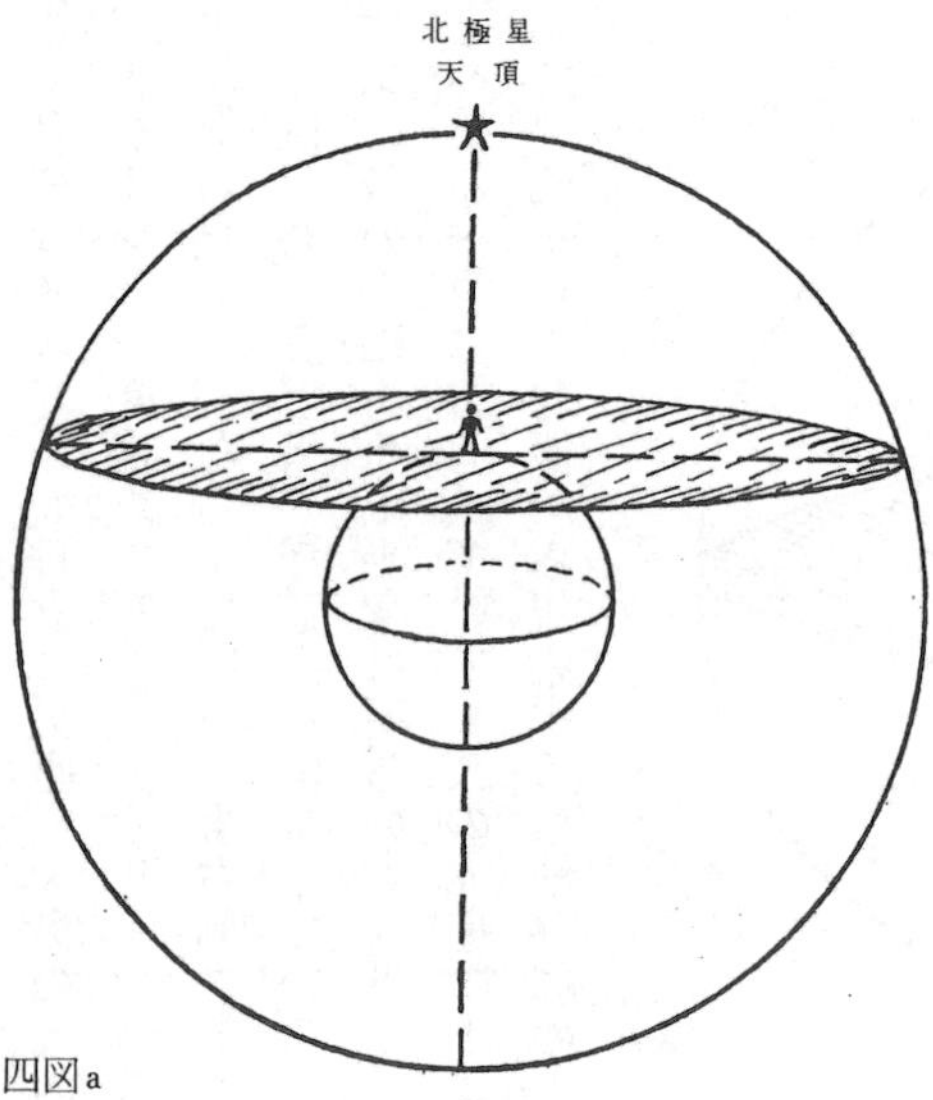

四図a

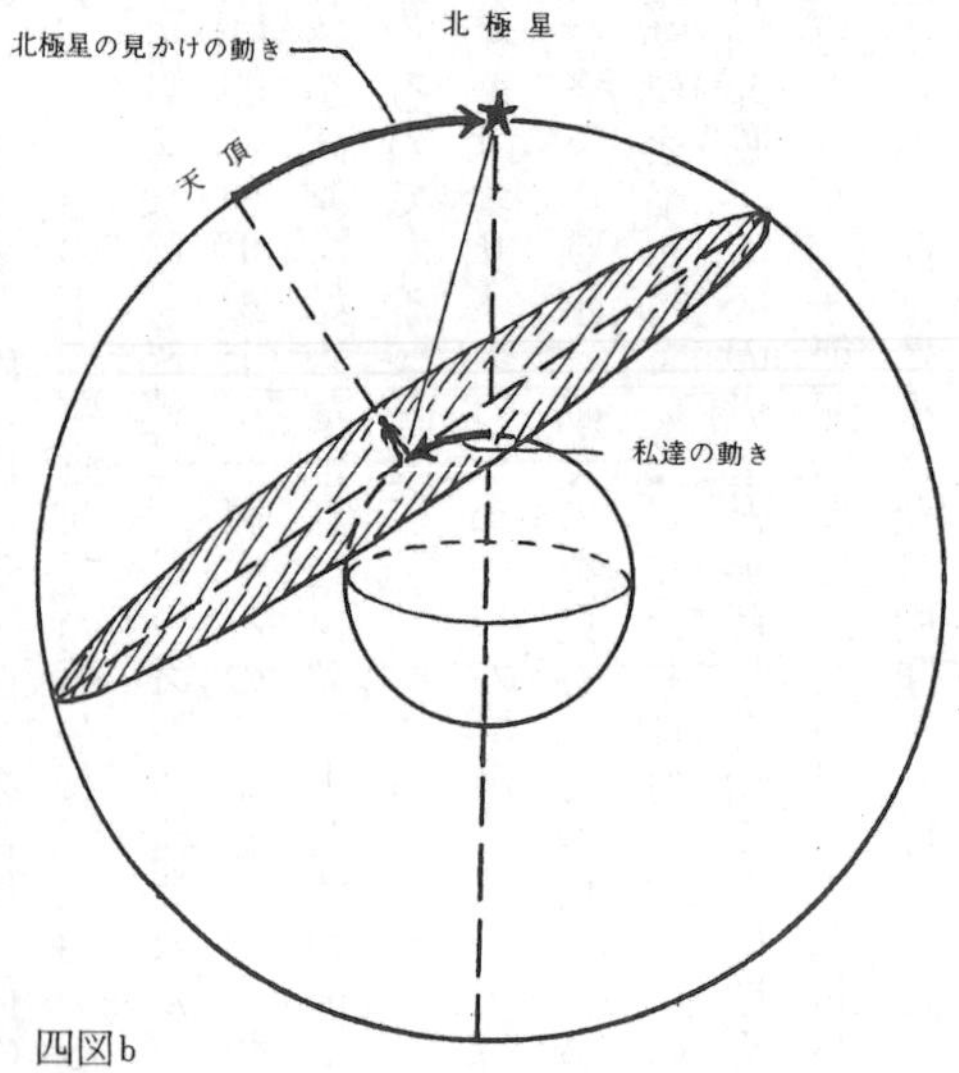

四図b

そしてそれによって、いかにすべての星が天の赤道と平行して日周運動を描いているかというような、地球および地球空間に関してのイメージが描けるようになるまで、しばらくの間私達自身と私達の人間空間とを考察から除外してみる必要がある。こうして得られたイメージは、私達が北極から離れていって、私達自身の空間と地球空間との関連を変化させ

ていく時に必要なものである。

　こうしたことができるのは、人間のみがもっている自由のなせる業《わざ》である。もしも各人がもっている人間空間が地球空間といつも常に重なり合っているならば、その時には人間はあまりに強く地球の生命の中へひきずりこまれてしまうであろう。

　さて私達が北極から離れていくと、その時私達は

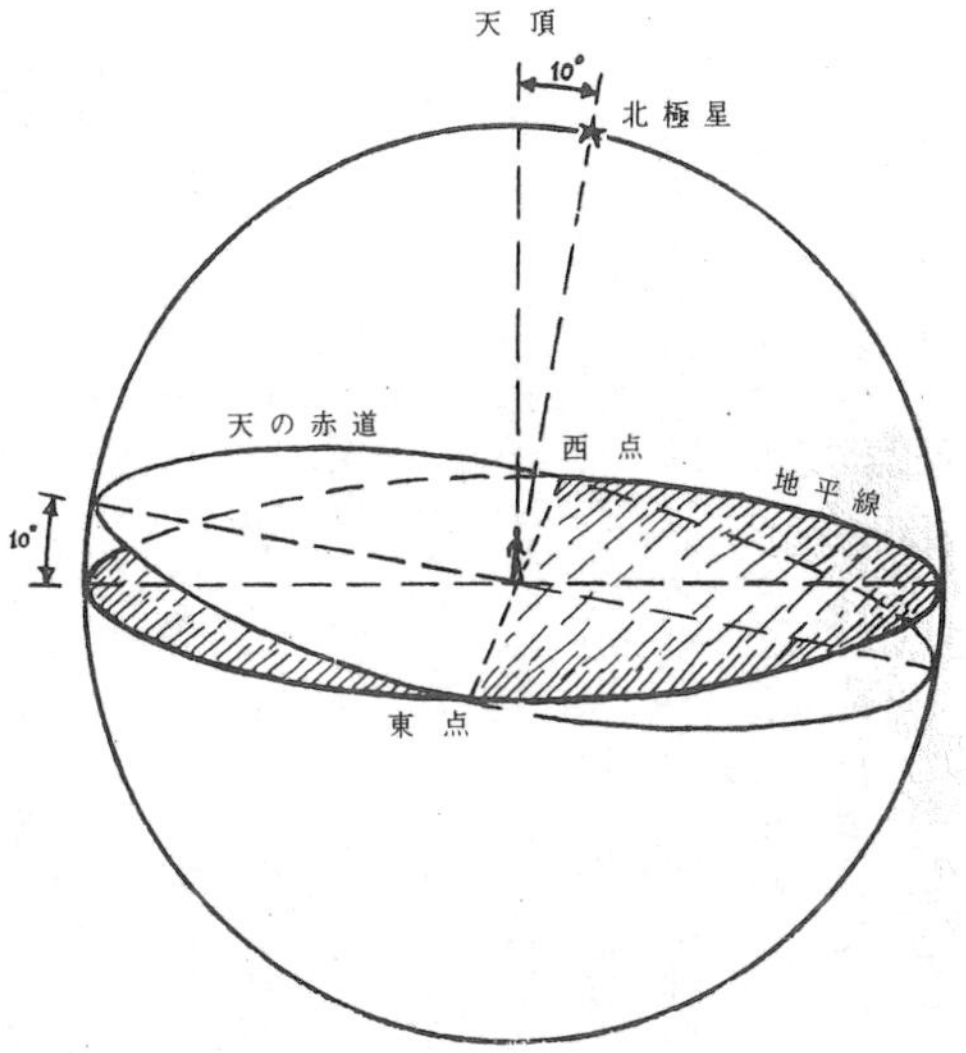

五図

二つのことに気づく。私達は北極から離れていくと常に南の方向にしか進んでいくことができない（南極から離れていけば、もちろん常に北に向かって進むことになる）。さらに進んで行こう。私達は私達の天頂が北極星から離れていくというふうに考えるが、実際はそのようには見えないで、私達には北極星が天頂から次第に低く下がっていくように見える（四図）。——私達の天頂はいつなんどきも、私達の頭の真上に位置している。このように私達にとって、空で演じられているすべてが私達の人間空間の内部に写し出されるのである。もしもどこか地球の外側の宇宙の中にじっと動かない観察者がいるとすれば、そういう観察者には、天の極は常に同じ場所に止まっているであろうし、私達の天頂の方が一つの場所から離れていくように見えるであろう。

　すべての地球空間は、私達自身の人間空間から見れば斜めになる。私達が天の赤道、天の極をもち軸回転する地球空間をイメージすることに成功すれば、北極星が私達の天頂から十度だけ下がると、天頂の赤道は反対に十度だけ地平線から上にもち上がって

こなければならないということが理解できるであろう（五図）。

北極に立っていた時には重なり合っていた地平線と天の赤道は、今や二つの点で交点を作るということがわかる。これが東点と西点である。

かくして今や四つの方角が生ずる。北極星が位置している北、天の赤道が地平線から最も高いところにある南、天の赤道と地平線が交わる東と西である。東の点および西の点はしたがって、人間が地球上に位置している場所によって決まる。東点と西点は、いうなれば、人間空間が地球空間に向けて開口する門ということができる。ある人が一生を通じて、いつも同じ教会の塔が東の方角に立っているのを見続けてきたとするならば、その人は地球について、ほんのわずかしか知らないことになってしまう。しかし人間が地球の上をずっと歩んでいって、いつも東の方角に新しい像が見えてくるのを体験するならば、それは人間の地球体験を豊かにするものである。ヨーロッパ大陸を出発して初めて大西洋を越えていく人にとって、これまでずっと西の方角だけにあると思っていたイギリスを東の方向に捜さなくてはならないということは、明らかに大きな体験である。

私達は第五図を眺め、頭の中で地球空間が自転していると考えてみよう。そうすれば、北の方角では北極星のまわりを、天の赤道の十度以上の位置にあるすべての星が、地平線上で日周運動を描くのがわかる。天の赤道の十度以下にある星の場合は、日周運動の一部は地平線の下で行なわれる。これに対して、南の地平線上に、天の赤道下十度以下にある南半球の星が現われて来て、日周運動のその小さな一部を描く。そこで今やオリオンの全体が見えるようになるが、しかし天の非常に低いところに位置しているので、オリオンの「足にある」リゲル、はちょうど地平線に触れている。――私達はまた北極星が九十度マイナス十度、すなわち地平線より八十度に位置しているのを見る。これを極高（地理的緯度）という。

さて私達はさらに北極から離れることができる。そうすると北極星は次第次第に地平線に向かって沈んでいくだろう。そうして南の天に天の赤道が次第に高く昇っていくだろう。そして南半球の多くの星座が目に見えるようになる。高く昇っていくオリオンの下に、シリウスが明るく光輝く。

地球上の方位を知るためには、地球自体を一度観察することが必要である（六図）。地球上の場所、および地点を確定するには、円形の網を地球にかぶせてみるのがいいだろう。北極から南極に向かって走る垂直な円弧、つまり赤道と垂直に交わっているすべての線は経線という。赤道と平行して走る円弧は緯線という。赤道から二つの極までは常に零度から九十度である。この度分けは地理的位置を確定する。私達が北極から三十度離れると、私達は北緯六十度にいることになる。また私達が北極から三十度離れると、北極星が地平線上六十度のところにあること

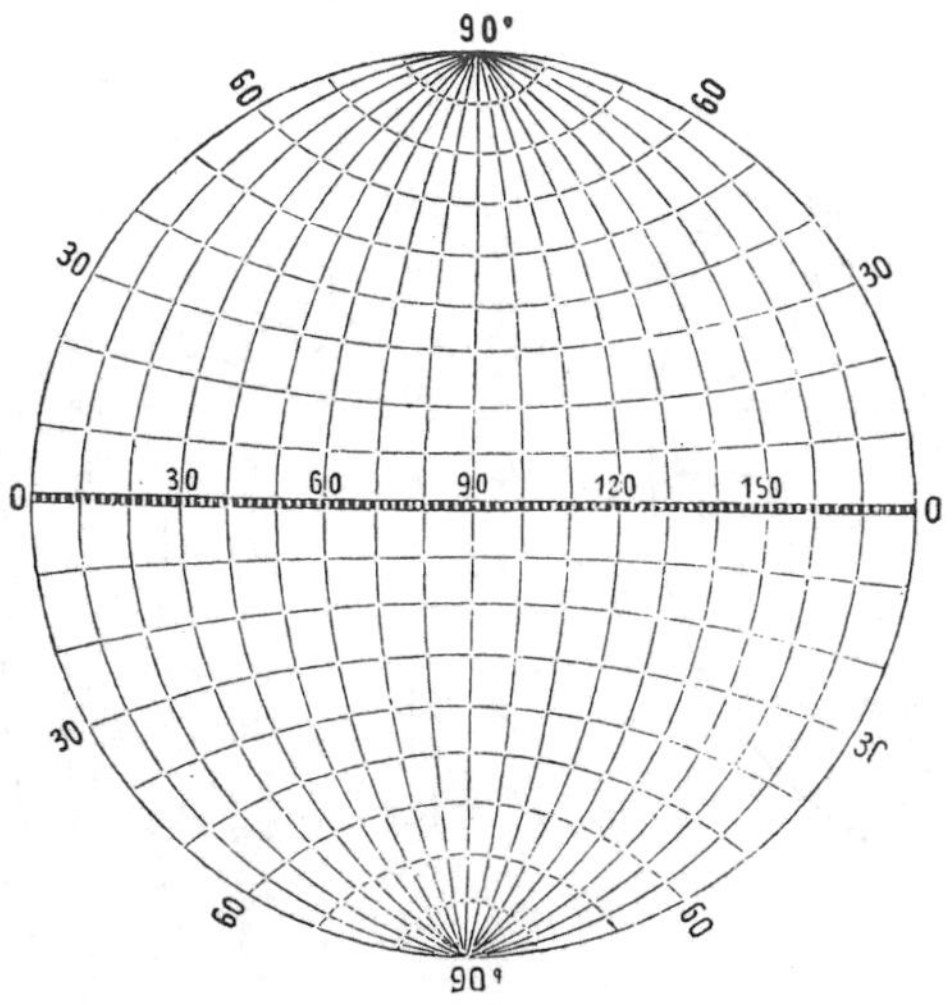

六図

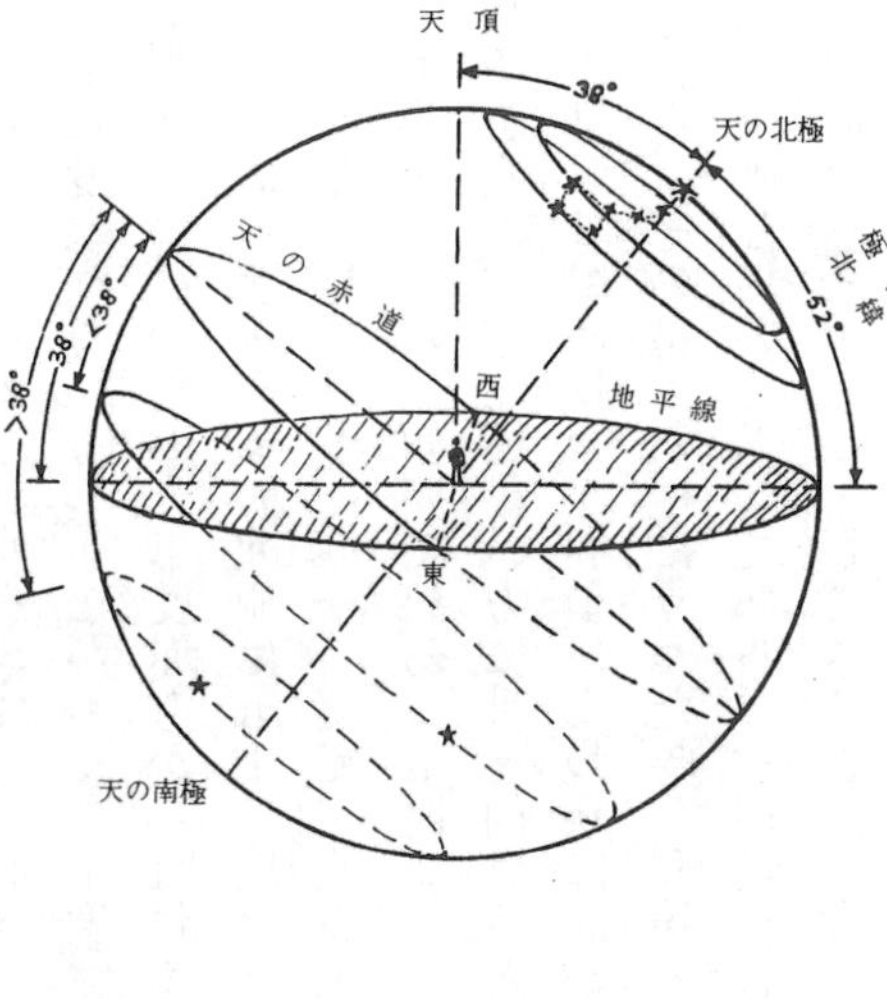

七図

も見てとれる。極の高さと地理上の位置とは同じ度数を示す。極から赤道までの最短距離は――子午線にそって測る――約一万キロメートルである。北極から十一・三キロメートル離れると北極星は私達の天から一度下に沈む。

　さて私達は、アムステルダムの郊外にあるような、広々とした周りの見通しのよくきく、大きな牧場に行ってみよう。アムステルダムでは、私達は北極から三十八度離れている。したがって九十度マイナス三十八度、すなわち五十二度赤道から離れている。だからアムステルダムの北緯は五十二度となる。同じように北極星の高度は五十二度で、北極星は私達の天頂から三十八度傾いている（七図）。

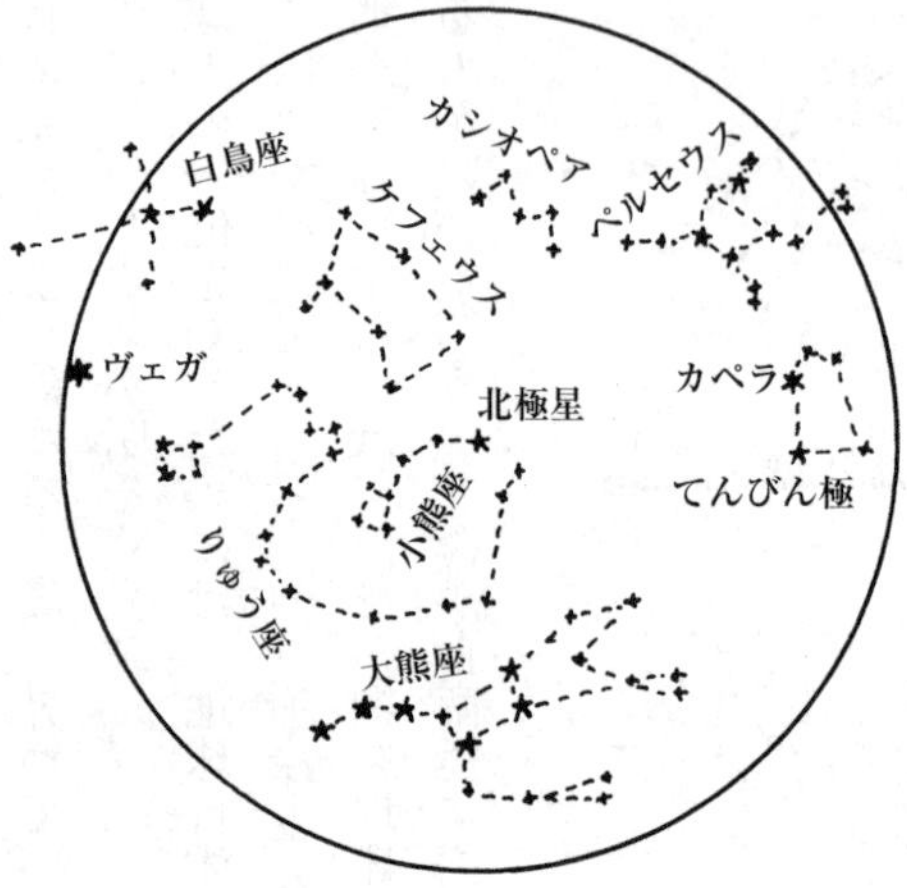

八図

　私達が北の方、北極星の方に目を向けると、たくさんの星が日周運動を北極星のまわりに描いているのを見る。その星は北極に立った時、私達の頭上で空高く位置していたものである。私達が一日中それらの星の動きを追うことができるとするならば、それらの星が決して地平線下に沈むことがないのを見るであろう。それらの星は周極性をもつ。

　この図からもわかるように、アムステルダムでは（同様に北緯五十二度にある北半球のすべての場所では）天の赤道から五十二度以上の位置にあるすべての星は周極性をもつ。それらの星が描く軌道は、北極星を中心とした円を描いている。私達にとって、周極運動する最も大切な星座は小熊座、大熊座、カシオペア、ペルセウス、ケフェウス、御者座、りゅう座である（八図）。

私達が、北極星から天頂を通って南の空へ視線を移していくと、北極では私達の地平線であった天頂の赤道の上に、北極で私達のまわりを回わっていたすべての星を見るのである。天の赤道と南の地平線の間に見える星は、北極では見ることができなかった星である。なぜならそれらの星は、星空の南半球に属しているからである。しかしアムステルダムでは、天の赤道が地平線より三十八度上のところにあるので、天の赤道より下方三十八度以内にあるすべての星が見えるのである。七図からさらに、南の空では常に日周運動の一部が地平線上に描かれるということがわかる。それらの星は、地球の自転によって東から昇り西に沈むのである。

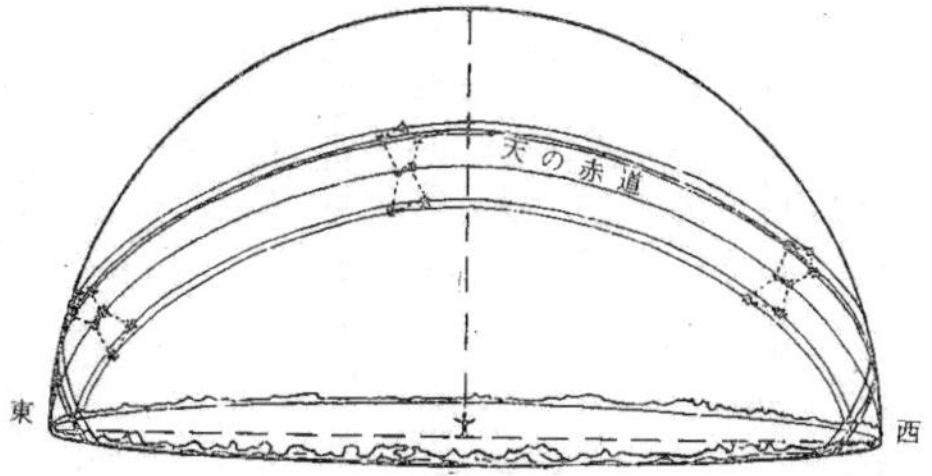

九図

私達は南の空で三種類の星を見る。一つは、周極性はもたないが北半球に属している星、二つ目は、天の赤道上にある星、三つ目は、南半球に属している星である。天の赤道とその上にのっている星は、ちょうど東点から昇り、ちょうど西点に沈む。北半球に属する星は、北東から昇り北西に沈む。北半球に属する星は、天の赤道よりも空高く弧を描く。南半球に属する星は、天の赤道が描く弧より小さな弧を描く。それらの星は、南東から昇って南西に沈む。

以上のことを特によく観察することができるのは、オリオン座においてである（九図）。オリオンの帯にある一つの星は天の赤道の上にある。したがってこの星は真東から昇っていく。ベラトリックスとペテルギウスは北の空に属しているから、帯にある星よりも大きな弧を描くことになる。一方南半球に属するリゲルは小さな弧を描く。だからオリオン座の注目すべき振子運動が見られるのであって、このことは私達の緯度の上ではっきり見ることができる。

さて私達は北と南の星を十分に観察したならば、全地球空間の継続する動きの中で様々な運動を把握することは、よい訓練となる。そのことは図を用いて行なうこともできるのだが、それではその現実味が失われてしまう。こうした訓練によって人は単に理解するというのではなく、自らが体験するのである。そうして自分自身の空間が、地球空間の中に組み込まれるのを体験する。このようにして、このやり方によって私達が立っているこの場所から出発して、単に地球を体験するのみではなく、いかに宇宙が地球に対して自らを示しているかということもまた体験するのである。

さて私達は北極から始めた旅をさらに続けることができる。そして私達は自分の空間を、繰り返し繰り返しこれまでとは違った地球空間との関係へと投げ入れていく。

私達は北極からアムステルダムへの旅行の途中で地球空間の様々な状態を追求してきたのであるから、アムステルダムから赤道に向けての旅の途中で生じるこれから先の諸関係をも、想像することは難しくない。赤道では緯度は零度であり、極の高さも零である。したがって、北極星、天の北極は地平線に位置し、それに対して、天の赤道は、私達の天頂を横切っていく。私達は二十四時間の星座の動きを再度想像するならば、次のような像を得ることができる。すなわち、私達の地平線の平面に地球の自転軸が横たわり、すべての星は、地平線に垂直な弧を描くということが想像できるのである。

この天が垂直になっている状態で、オリオンはどのように動くのであろうか。ちょうど天の赤道上に位置するデルタは真東から昇ってきて、私達の天頂を正確に横切っていく。すべての星が私達の地平線と直角に交わる円軌道を描くので、オリオンは「振子運動」はしないで、横になったまま私達の上を通り過ぎていく。そしてベテルギウスとベラトリクスを伴っている上半分は北側を、リゲルを伴っている足の部分は南側を通っていく（十図）。

　赤道ではすべての星を見ることができるが、しかしどの星も周極運動しないことがわかる。もし赤道で二十四時間通して夜であるとすると、ちょうど極夜に北半球のすべての星が見えるように、天球のすべての星を見ることができる。

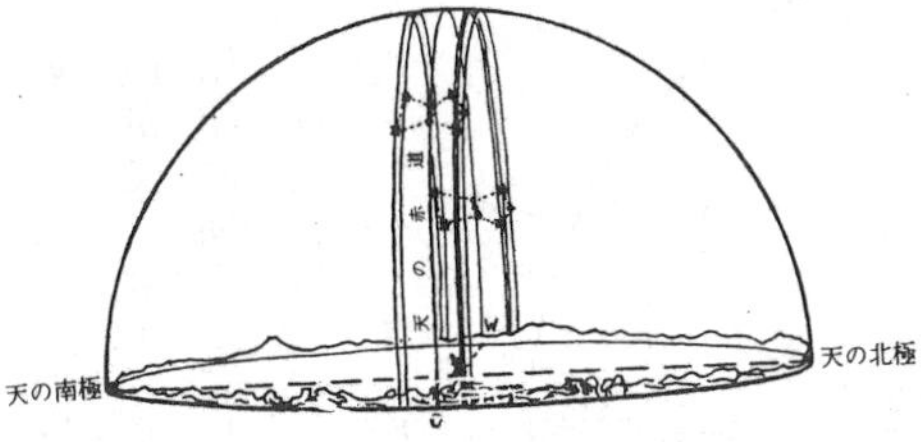

十図

　私達はしたがって、星空の二つの全く異なった姿を見ることができる。すなわち極では、地平線と平行して走り、昇ったり沈んだりしない軌道を描く可視半球上の諸星座が、私達を中心にゆっくりした回転運動をしており、それに対して赤道では、地平線上を天球上のすべての星座が直角に昇っていく。さそり座は、アムステルダムではせいぜいのところ、輝くアンタレスを伴った頭部が地平線上に低く見えるにすぎないが、赤道では、そりかえった尾をもった力強い姿で南の空に立つ。それに対して、私達に親しみ深い大熊座は北の空から昇る。

　私達は、北極から赤道に至る旅の途中で、二つの天の極と天の赤道をもつ地球空間に関するイメージをしっかりともつことができたのであるが、その際地球空間は次第に「横たわって」いき、天の北極が、私達の天頂から地平線に向かって沈んでいき、天の赤道が、地平線から天頂に向かって昇っていくのが見てとれる。極の高さは九十度から零度へと下がっていき、天の赤道は零度から九十度へと昇っていく。私達は極における水平的な天の位置から中間地帯の斜めに傾いた天の位置を経て、赤道上の垂直な天の位置に達したのである。この天の位置の変化は、私達の地平線空間の内部で、北極からアムステルダムを経て赤道へ至る私達の動きに応じている。

さて私達がさらに旅を続けていって、赤道から南の方へ行ったとしよう。そうすれば、もちろん星座も変わってくる。天の北極は今や北の地平線下に沈み、天の赤道は私達の天頂を越えて北へ移っていく。南の空には天の南極が現われてくるが、しかしそれは天の北極のように特定の星によって特徴づけられてはいない。私達がたくさんの星を知る前には、大熊座、少なくともその一部で北斗七星と名づけられている星ぐらいは知っているように、南半球で最初に私達の目がひきつけられる星座は、南十字星である（十一図）。

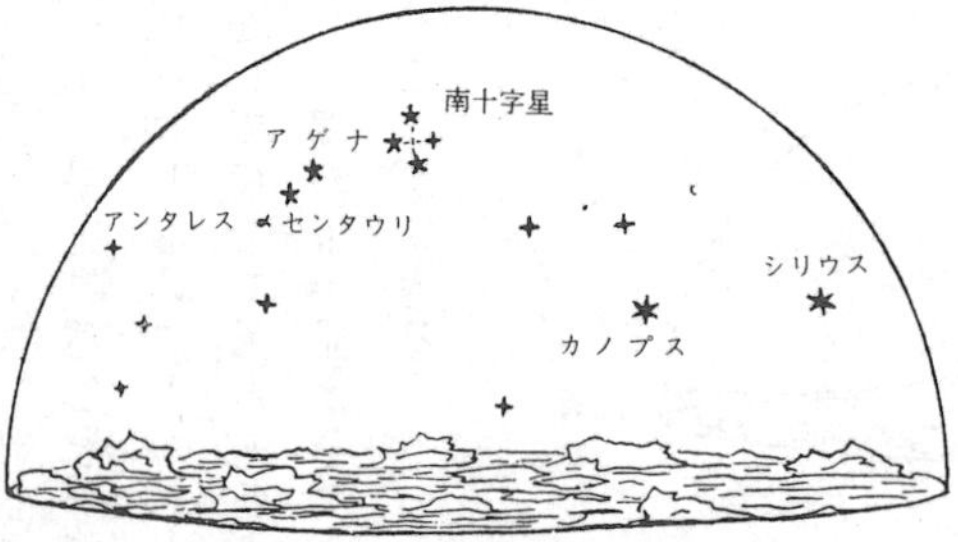

十一図

私達が南の方へ行くにしたがって、北半球の星は次第に私達の視野から消えていく。オリオンは逆立ちし始める。私達が南極に達するとするなら、天の北半球の星はただの一つも見ることができないであろう。オリオンはようやくのことで、きらきら光るつまさきのリゲルを伴っている足だけを、地平線上になげ出しているであろう。

第二章　天球での位置決定

私達は地球上の場所の位置決定を行なうために、互いに直角に交わる縦と横の円弧で出来ている網で地球をおおった。横の円弧の一番大きな赤道が緯度決定の出発点である。赤道と平行に走っている一本の円弧上にあるすべての地点は同じ緯度にある。北極は北緯九十度、南極は南緯九十度である。

しかし赤道およびそれと平行している円弧はもちろん三六〇度の広がりをもち、無数の場所がその上に存在しているのであるから、ある特定の場所の位置をもっと正確に決定できるようにするために、この場所の上に子午線、すなわち極から赤道に向けてはしる円弧を引くのである。これによって、すべての場所はそれ自身の子午線をもつ。そして子午線による場所決定の出発点、すなわち零度の点を作るために、ある一つの特定の子午線を設定したのであるが、それがすなわちグリニッジの子午線である。グリニッジはロンドンの南の方にある小さな都市で、そこにはすでに十七世紀に有名な天文観測所があった。グリニッジの子午線を出発点にして、東の方に向かって東経、西の方に向かって西経を決めていく。

アムステルダムが位置している地球表面は、北緯五十二度、東経五度と正確に決定される。ヨハネスブルクの位置は南緯二十五度、東経二十八度、リオデジャネイロは南緯二十三度、西経四十三度である。

私達は半円を引いていって経度を定め、東経および西経を算出する。こうして一八〇度の子午線は南西太平洋上ニュージーランドの北方に浮かぶフィジー諸島にある。ニュージーランドは南緯と東経、ハワイは北緯と西経をもっている。

地球上にはもちろんのこと経度零、緯度零の地点がある。そこはグリニッジの子午線が赤道と交わっている地点である。この地点は黄金海岸の南、ギニア湾にある（十二図）。

このように直角に互いに交差している二本の線および円弧は、位置決定に必要なのであり、これを座標系という。垂直にも水平にもその値が零である二本の線の交点が、零点である。天球の位置決定のためにもまた、この座標系が用いられる。そして最も私達の近くに存在している座標系は、私達自身の人間空間の中に組み込まれているそれである。つまり私達の地平線の円弧が、その基準となる。しかし私達は私達の地平線に、数え始めの基点となる一点を設定しなければならない。この一点を設定するためには、私達の天頂から地平線に向かって直角に引くことができるすべての円弧から、北と南の天で地平線と交わるものを選ぶのである。それが私達の子午線である。私達の北の点を求めるためには、天頂か

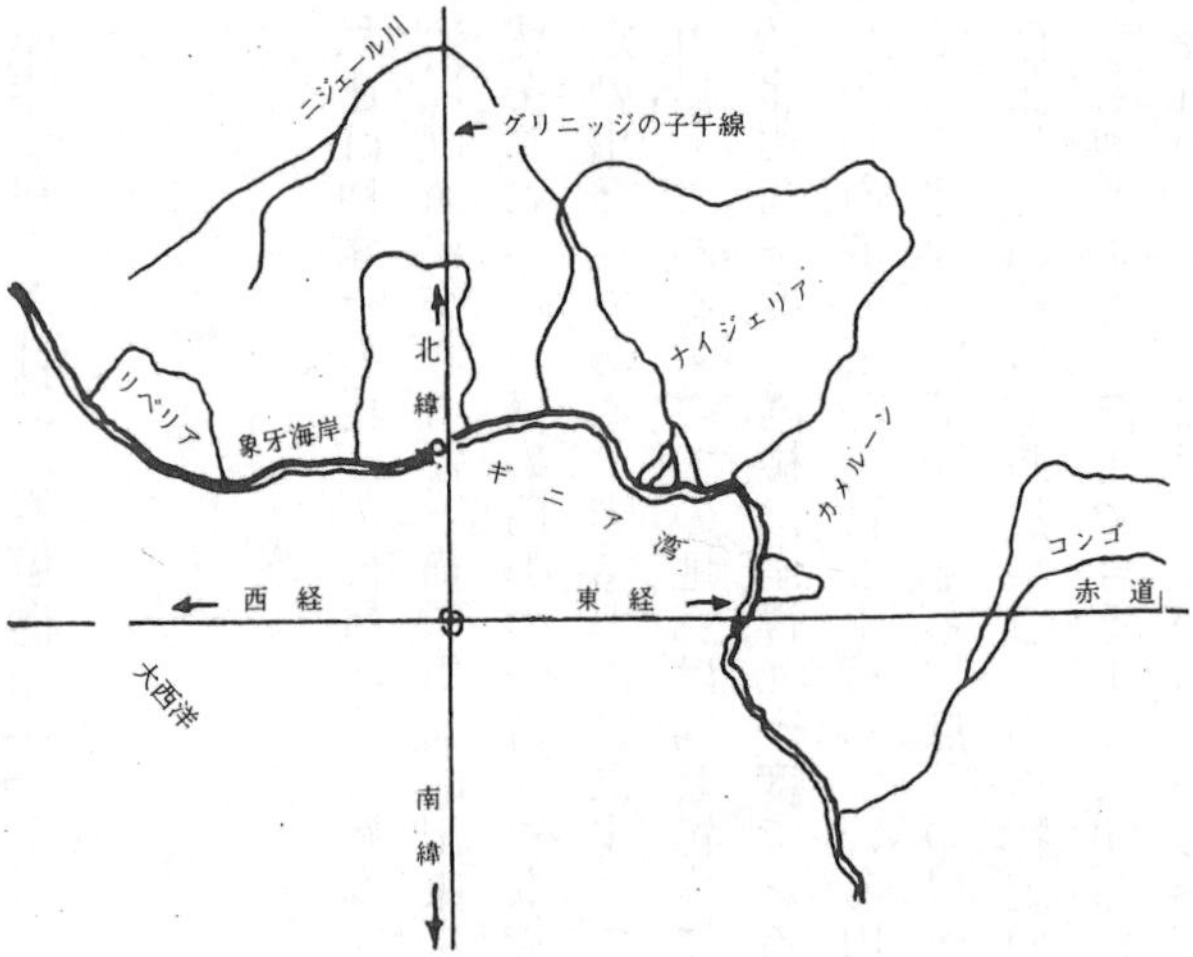

十二図

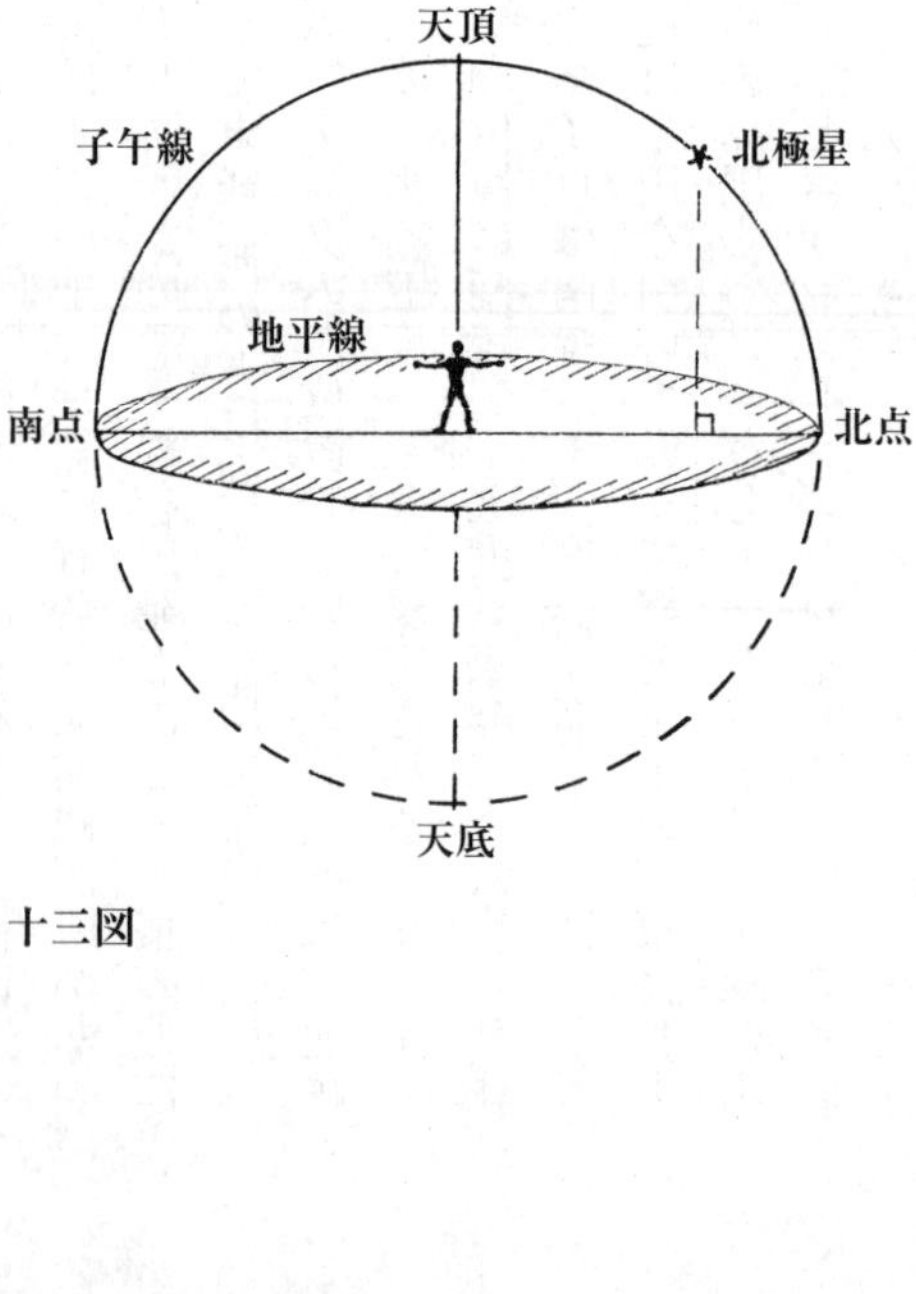

十三図

ら北極星を通り地平線に至る円弧を引くとよい。私達が腕を水平に伸ばして一方の手が北の点を示すように立つと、もう一方の手は南の点を示す。子午線はその時、南の点から天頂を通って北の点に至る。私達に見えない天底もまたこの子午線上にある（十三図）。

規則正しく星空を観察しようとする人は、自分の子午線がどのように走っているかを知っておく必要がある。その際、自分の観察する場所で、地面に小さな棒を打ち込み、その棒に、北と南とを指し示す横木を取り付けておく。その上に簡単な望遠鏡を置き、その望遠鏡を北と南の方向に向け、上下には動くけれども左右には動かないように固定する。天文台の子午儀はこの原理によって取り付けられている。つまり子午線を通過していく星々はみな、この子午儀の視界を「通り抜け」ていくのである。すべての星は、子午線を通り抜けていく瞬間に一番高い点に達する。このことを星が、南中するという。

この子午儀によって人は、一つの星の南中時の高さを測ることができる。南半球ではもちろん望遠鏡を北に向ける必要がある。また北半球の周極星は、二十四時間中二度子午線を通過する。一度は最も高い地点で、もう一度は最も低い地点でである。南の空で南中するのを見ることのできる星は、もちろん北の方でも子午線を通過するけれども、その軌道の一部が地平線下を走っているので、私達には見ることができない。

私達の子午線が地平線と交わっているこの南点が、私達の計算の出発点となる零点である。私達がある星の位置を決定しようとする時には、私達の天頂からその星を通過して地平線に達する円弧を引く。これがその星の天体円である。地平線から測って、この円弧にそって星の高度を決定する。もしも地平線が私達の目からかくされている時には、天体円上で天頂からその星までの角度を測り、九十度からこの天頂角を引く。

次に水平方向の位置決定をするためには、再び南点から出発し、そこから星の天体円が地平線と交わっている地点までの角度を測る。これがその星の方位である。方位は、時計の針の方向に西、北、東と回って、再び南点に戻る。すなわち零度から三六〇度回る。したがって一つの星が南中する時には方位零となる（十四図）。

このようにして私達は、すべての人間が自分自身の空間をもっていて、それが絶対にもう一人別の人間の空間とは一致しないことを知るのである。もし同じ時間に百人の人間がある星の位置を決めようとすると、私達は百の違った高度と方位の値を得るのである。さらに星の位置は地球の自転によってたえず変わる。だから高さと方位の測定は、私達の観察だけではなく、また観察する時間にかかわっている。ただ北極星だけはほぼ正確に私達の子午線上に位置しているので、北極星の高さを見れば、自分の位置している緯度を測ることができる。この数値は同じ緯度に位置するすべての場所において同じである。違った緯度の地点では違った値が得られる。そこで、位置決定するために、全地球に通用する一つの座標系（訳注、赤道座標系）を用いなければならない。

この際の地平線としては、もちろん地球の地平線、すなわち天の赤道を利用する。天の赤道からの一つの星までの距離は赤緯と名づけられている。北半球の星は北緯ないしはプラス（＋）の赤緯をとり、南半球の星は南緯ないしはマイナス（－）の赤緯をとる。オリオン座についていえば、オリオン座の半分は、北半球、半分は南半球に属しているので、ペテルギウスは赤緯プラス七度、リゲルは赤緯マイナス七度、天の赤道の真上にあるデルタオリオンは赤緑

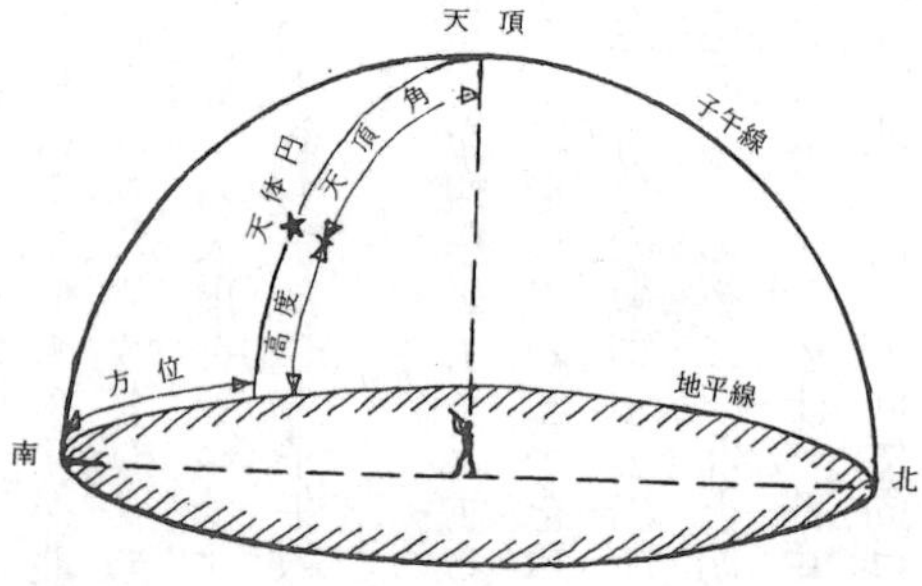

十四図

零度となる。赤緯は、測ろうとする星と天の両極を結ぶ垂直円弧上に求める。この垂直円弧が赤緯円弧（訳注、時圏）である。

　地球空間内の一つの星の位置決定をする際、赤緯の他にもう一つ、天の赤道にそって測られる値を必要とする。そして私達が人間空間における方位を測る際の出発点として、地平線と子午線とが作り出す交点を選んだように、一つの星の赤緯を測ろうとする際、天の赤道と特定の時圏との交点、すなわち春分点から出発する。私達はこの春分点が、地球にとって重要な点であることを後で理解するであろう。春分点は太陽が春の初めに位置する、十二獣帯中にある場所である。赤経を測る場合、方位を時計の針の進行方向に測ったのとは反対に、時計の針と逆まわりの方向に測る（十五図）。

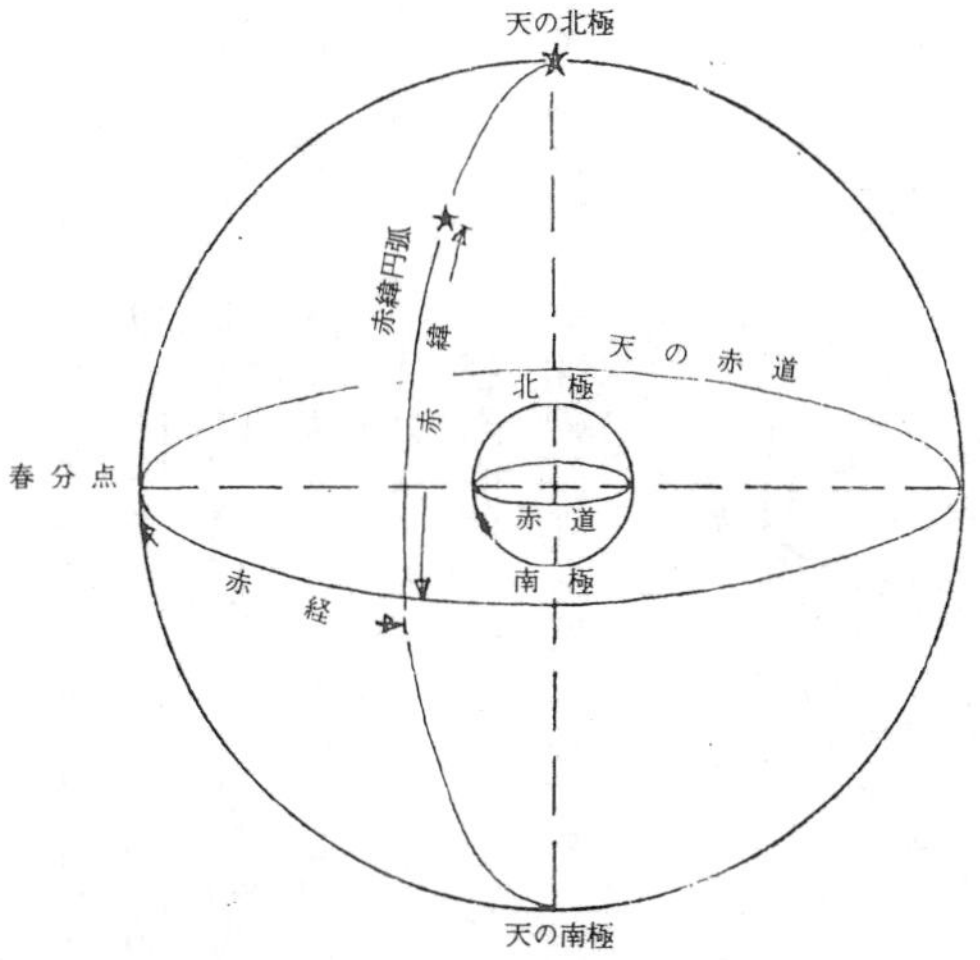

十五図

　春分点の赤緯にある星は、赤経零である。私達は、ある瞬間にこの星が私達の子午線を通過するのを見ると想像しよう。そうするとこの同じ星は地球の自転により、二十四時間後に再び私達の子午線を通過していく。この星は二十四時間に三六〇度回転する。春分点が南中後、二時間後に私達の子午線を通過する星は、したがってちょうど赤経二時間、つまり、赤経三十度である。すなわち赤経は時間でも表わせるし、角度でも表わせる。だから赤緯円弧は、時圏ともいわれるのである。

　天文台では、いわゆる恒星時で動いている時計を使用している。春分点が子午線を通過する時、恒星時は零である。一つのある別の星が南中するのを見て、この星が春分点南中後どのくらいの時間がたったかを計りさえすれば、この星の赤経が測定できる。しかし次章でわかるように、この種の時計は日常生活では使用することができない。

私達が北極および南極に立つとするなら、私達の高度円弧と地球空間の円弧とは一致する。高度と赤緯とは同じ値をとる。一つの星の赤経もまた測ることができる。なぜかというと、春分点は星空の決まった位置にあるからである。そこでは方位は存在しない。なぜならそこでは人は自分自身の子午線をもたないからである。北極では北の方角というものはなく、また南極では南の方角はない。

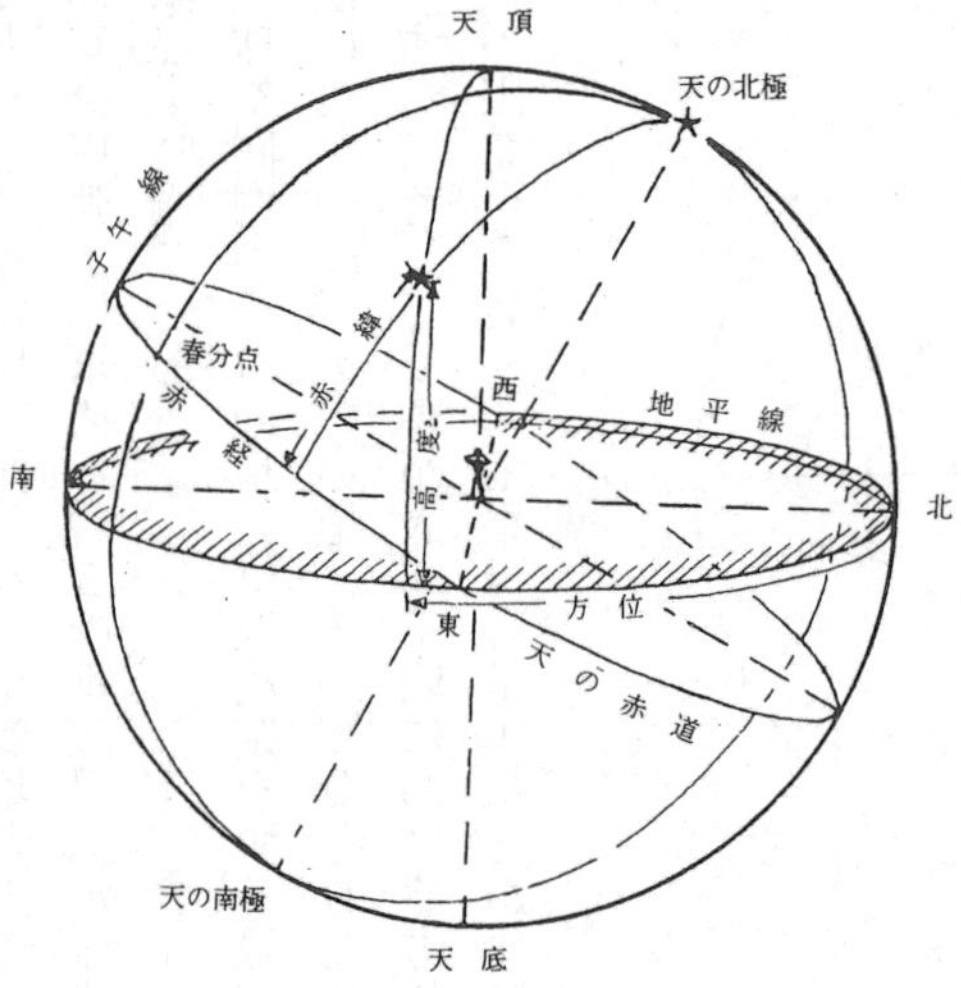

十六図

人が極を離れるや否や、二つの座標系は分かれてくる。しかしながらこの二つの座標系は、二つの系に属しているひとつの要素、すなわち子午線によって結びつけられている。子午線は、単に天頂と天底を通って走るのみならず、また二つの天の極をも通って走る。したがって子午線というのは高度円弧であるとともに時圏である。この事実はいわゆる時角を測る際に用いられる。これは、ある星の時圏の平面が子午線の平面と作る角度である。この時角は再び時計の針の動く方向で、すなわち方位と同じように測られる。太陽が子午線上の一番高いところに達するまで、まだ二時間あったとすると、この太陽の時角はその瞬間三三〇度である。太陽が南中した後二時間の時角は三十度である（十六図）。

これまでに明らかになったのは、私達が人間空間の座標を地球空間の座標へと換算し直そうとする時には、私達の子午線上で観察しうるところから始めなければならないということである。ある星の赤緯を計算するためには、まずある星が私達の子午線を通過する際の高度を測る。この星の高度から、観察地点の緯度でもある天の赤道の南中高度を差し引く。たとえばアムステルダムで、ある星の南中高度が五十七度と測定されたとする。アムステルダムの緯度は五十二度であるから、そこでは天の赤道は三十八度で南中する。その星の南中高度である五十七度からこの三十八度を差し引くと、残りがその星の赤緯となる。すなわち57°－38°＝19°、十九度がこの星の赤緯である。これはプラスの値である。したがってこの星は北半球に属している。

もし星の高度が天の赤道の南中高度よりも小さい時には、マイナスの値を得ることになる。たとえばアムステルダムで、ある星の南中高度を十四度と測定したとする。この星の赤緯は14°－38°＝-24°、マイナス二十四度である。この星は南半球の赤緯マイナス二十四度にある。

反対に、測定された星の高度からこの星の赤緯を差し引くことによって、天の赤道の南中高度すなわち観察地点の緯度を算出することができる。このことは船暦を見るとわかる。夜、船乗りは、北極星の助けによって自分がいる緯度を決定できるし、日中は、太陽の助けによってそれができる。なぜなら太陽の毎日の赤緯位置があらかじめ知られているからである。

つまりまず、その日の太陽の赤緯位置を表から捜し出しておいて、それを太陽の最高点から引けばよい。たとえば太陽の南中高度が六十九度で、その日の太陽の赤緯は二十一度とする。観測地点での天の赤道の南中高度は69°－21°＝48°、したがって緯度は90°－48°＝42°、四十二度となる。ある日の太陽の南中高度は二十九度で、その日の太陽の赤緯はたとえばマイナス十七度だとした時、この十七度に二十九度を加えることによって天の赤道の南中高度を得、したがってその地点は北緯四十四度だとわかる。南半球ではもちろん反対となる。すなわちマイナスの赤緯は、太陽および星の高度を高くし、一方プラスの赤緯は低くする。

緯度の他にも、東経、西経の何度に自分が位置しているか定めることができる。私達はその際、自分の地方時を、グリニッジ時と比較する必要がある。グリニッジ時は規則正しくラジオシグナルによって発信されている。太陽が私達のいる地点での子午線を南中する時、私達の地方時の正午十二時である。地方時がグリニッジ時よりも遅れていれば私達は西経にいる。ここでもまた一時間は十五度である。地方時がグリニッジ時より進んでいる場合は私達は東経にいる。

多分、若干の読者には、極に立つと私達の地平線と天の赤道が一致するということが奇妙に感じられたであろう。四図で見ることができたように、地平線というものは、私達が立っている地点に地球が触れている平面なのである。したがって、それは地球との接触面である。そして、天の赤道というものは地球の赤道を無限の彼方に伸ばしたものだと、私達は言ってきた。だから天の赤道の平面は、地球の中心点を通過している。したがって人間の地平線は決して天の赤道とは一致しないと言える。なぜなら、地球上のすべての場所と地球の中心点との間は、地球の半径の距離、すなわち約六三五〇六キロメートル離れているからである。

しかしながら私達が極に立つと、地平線と天の赤道が一致するというのは事実である。なぜならそこでは私達の天頂と天の極とが一致するからである！天頂から地平線までの角度は常に天の極から天の赤道までの角度と同じである。両方とも九十度になる。だからそのために両極では地平線と天の赤道とは一致するのである。この場合、地球の半径六三五〇六メートルがいかなる役目も果たしていないと言い切れるのは、なぜであろうか。

人はこの計算のために、私達の実際の地平線に平行して、地球の中心点を通過する一つの平面（数学的地平線と呼ぶ）を仮定することによって、この問題を解決するように試みてきた。もちろん決して私達の地平線が地球の中心点を通ることなどありえないから、数学的地平線を仮定することは、人間が観察を行なう空間にあっては、地球の「厚さ」は少しの役も果たさないという事実を明らかにするための単なる試みにすぎない。

プトレマイオスにとっては、このことは全く問題にならなかった。というのは、彼にとっては地球と星の関係は、ある中心点とその円周との関係と同じであると考えられたからである。私達はまた、人間は地球上のどこにいたとしても、自覚せる存在として常に全宇宙の中心点であると言い直すこともできるのである。

第三章　地球空間と太陽空間

——黄道と黄道極

私達が太陽を初めて観察する際、太陽の運行は、東から昇り、南で最も高い点に達し、西に沈むということである。これは毎日繰り返される。私達はこれを太陽の日周運動と名づけることができる。太陽の日周運動は、東から西の方向に向かって行なわれる。

冬には、太陽は地平線上に平らな小さな円を描き、それから春には少しずつ高く昇るのを見る。私達が見晴らしのきく場所に立つならば、太陽の日の出および日の入の地点が移動していき、太陽の描く円弧がだんだん大きくなるのを見る。しかし見通しの全くきかない所で、冬には全く一条の光もさし込まない北東および北西に向いている部屋でも、夏になると、その部屋の窓から太陽が出たり入ったりするのが見えることに気づく。また太陽の光線は、冬は南の窓から低く部屋の中へ入り込み、夏には部屋の中へ入ってこないのである。

もし観察を始めた時がちょうどクリスマス時分で、太陽が空に低く位置していたなら、再び太陽が同じ低い位置に戻ってくるのを観察しうるためには、次の年のクリスマスまで待たなくてはならない。

これがつまり太陽の年周運動である。私達はこの運動が西から東に向けて行なわれるのを後でみるであろう。

太陽の日周運動は、たやすく説明できる。それぞれの時間に太陽は天のある場所に位置しており、したがって星の運行と同道している。つまり、地球にしたがっているのである。それゆえに私達は、太陽が東から昇り西に沈むのを見るのである。この日々の運行を私達は、実際には見かけの運動と名づけなければならない。——私達はこの言葉にしばしば出会う。だからこの見かけの運動という言葉がどんな意味なのかを明らかにしておくのは、良いことである。

いつの時代でも、人は太陽が昇り沈みするのを見てきた。エジプトでは、紀元前数千年頃人々は太陽神ラーが朝太陽の船に乗って地平線を昇り、天にそって道を進み、夜になると、平らな地球面を西から再び東へと進んで行くのだと考えていた。

ギリシャではすでに紀元前数百年頃に、人々は地球は丸いということを知っていたが、しかし地球軸が回転するということは知らなかった。プトレマイオスの天文学書の最初の教義の中の一つに、星空は一つの球であって、それは二十四時間で一回、天の回転軸のまわりを回ると述べられている。しかもプトレマイオスは、地球が決して地球の回転軸を回転できないことを証明している。それにもかかわらず、プトレマイオスの仮定は一四〇〇年の間有効なものとされ、人々はそれによって、効果的な計算をなしえたのであった。

デンマークの天文学者チコ・ブラーエ（一五四六年―一六〇一年）もまた、地球は動かないで、星空が二十四時間で自分のまわりを回ると考えていた。コペルニクスの世界観がもうすでに長い間認められていたにもかかわらず、チコは、太陽が一年かかって地球のまわりを回ると信じていた。そしてそれに反して、惑星は太陽のまわりに軌道を描くと考えていた。それにもかかわらず彼は「天文学者の王」と言われるにふさわしい。なぜなら彼は現代的意味において、観測天文学を行なうことを始めた最初の人間だったからである。もちろん地球は自転している。しかしコペルニクスはこの事実を自分の目で見たわけではない。これは彼の心の中で直観された思想であった。人々がそれを証明できるまでには長い間かかった。この証明が決定的になされたのは一八五一年のいわゆるフーコーの振子の実験によってである。パリのパンテオンに六十四メートルの振子がつり下げられ、その振動面が他から影響の加えられることのないようにされた。床の上には目盛のついた円が取り付けられた。人々はこうして、今や地球の表面が振子の下で回転するのを見たのである。

以上の例は、一つの世界観というものが観察結果の解釈であって、決して観察結果そのものではないということを示している。時代が次々と続いていくうちに、人々は同一の観察結果を種々様々に説明し直していく。私達は地球が自転するということを、実際には知覚できない。私達は、星空の運行を知覚し、太陽が昇り沈みするのを見るのである。たとえどんな筋金入りの天文学者がやってきて、美しい日の出を眺めながら、これが実は感覚の錯誤であるなどと主張したところで、それを信ずる気持ちなど私達にはないのである。

太陽の昇り沈みは、人間生活における重要な要素である。両極の近くで生じるように、数週間ないし数ヶ月間太陽が沈まないのを見るということは、不思議な体験である。人はほとんど眠ることができず、そのかわりに光による一種の陶酔状態におかれるので、次第に明瞭な思索ができなくなる。そして極地では、冬になると、太陽は長い間地平線上に現われず、一種の冬眠が人をも襲う。しっかりした自由な思考を行なうためには、人間は地球の自転に由来する昼と夜の交替を必要とする。

私達の器官の、私達に意識されていない領域の中で、私達はこの自転と緊密に結びついている。私達の新陳代謝は二十四時間で完結する。人間は新陳代謝過程の中で実際に地球と結ばれているのである。

しかし私達の知覚および思考は、ある意味でこの自転から切り離されていなくてはならない。さもないと私達は「めまい」を起こすようになって、もはや思考することができなくなるのである。それゆえに私達はこの回転運動の投射像だけを、すなわち二十四時間の中の星空の動きという象徴的な像だけを見るように定められているのである。

私達の頭部は地球の自転からほとんど切り離されており、地球自転の体験を新陳代謝に委ねている。だから太陽の昇り沈み、私達を取り巻く星空の運行は、もっぱら私達の目および頭部にとっての現実であるということが理解できるであろう。一方で私達は、新陳代謝によって地球空間の中に生き、それによって地球の軸回転を体験しているのだが、他方でまた私達は知覚をもつことによって、星空の「見かけ」の運行という現実を有する天の空間の中で生きているのである。私達はそれを視覚空間と名づけることができる。しかし視覚空間は人間空間であって、その中では地球のしめる割合などきわめて微小なものにすぎないから、地球空間と人間空間が一致する北極では、地球の「厚さ」は全く問題にする必要がないのである。つまり太陽の昇り沈みが私達の知覚にとって事実であるのだから、私達は東から西の方向へ進む太陽の日周運動を問題としてよいのである。

　私達にとってはしかしながら西から東の方角に進む太陽の年周運動もまた同様に二つの事実である。もちろんコペルニクスによれば、この運動もまた見かけの運動にすぎない。すなわち停止している太陽のまわりを回っている地球年軌道の反映である。この考え方は、太陽が一年の間にすべての十二獣帯を通り抜けていくという、私達の理解と矛盾することなく併存することができる。

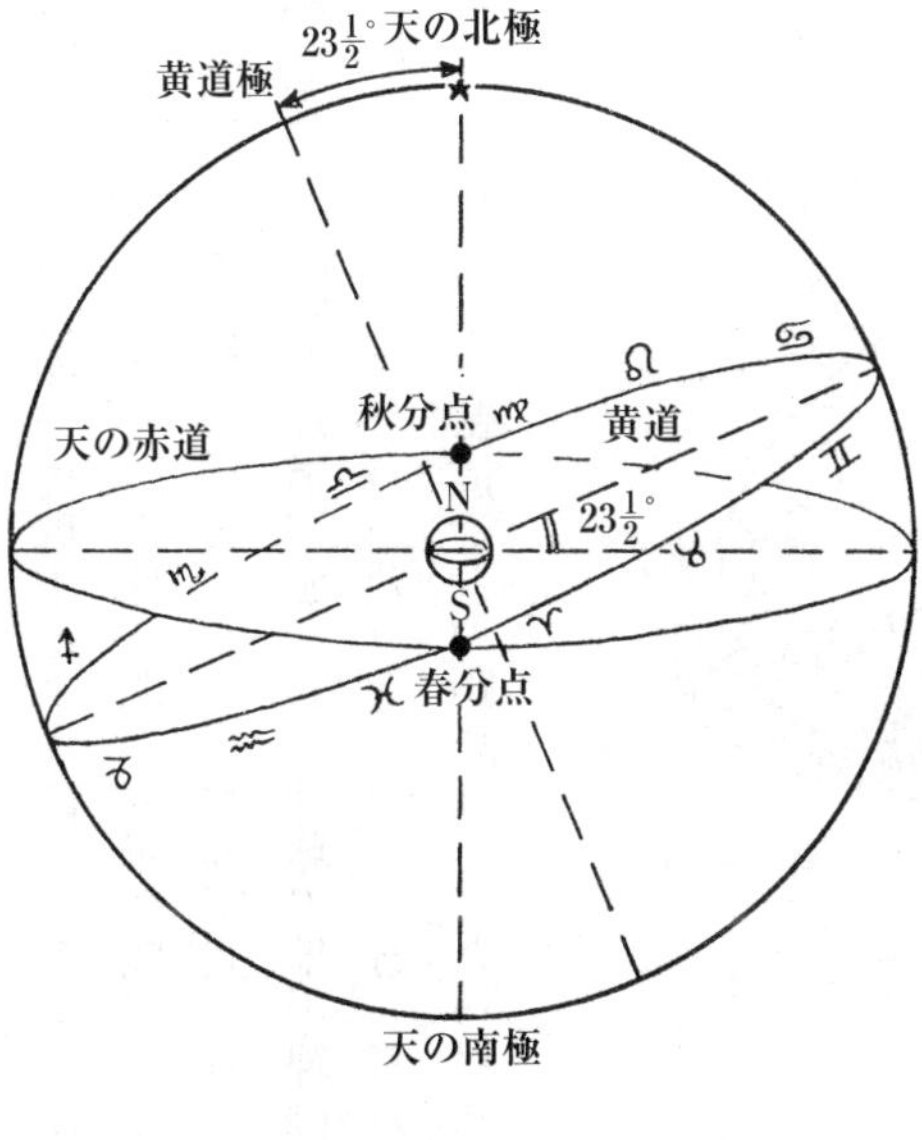

十七図

　しかし私達がこの太陽の年周運動に詳しく入って行く前に、私達は三番目の空間について知っておかなくてはならない。それは宇宙空間のことである。これを私達は宇宙の光空間とさえ言ってよいかもしれない。なぜなら宇宙から光にのって私達に向かって流れ寄せてくるもののすべては、この空間からやってくるからである。

　この空間の幅広い帯は、十二獣帯の十二の星座から形づくられている。宇宙空間をちょうど真二つに分けるこの十二獣帯の上を、太陽軌道、すなわち黄道が走っている。この空間の二つの極が黄道極である。この北半球の極は、りゅう座の首のまがりかどのところにある（十七図）。

　地球空間は、決して太陽空間と一致しない。人間が地球に対して、自分自身の空間と地球空間の関係を不断に変化させていく可能性をもつことによって、人間に固有の特性を表現するように、そのように地球は、自分の特性を、地球空間が太陽空間の中に斜めに含み込まれることによって、太陽空間に対して示している。天の赤道、すなわち地球の地平線は、黄道と二十三度二分の一の角度を形成する。天の極とそれに相対する黄道極との距離は、もちろん同様

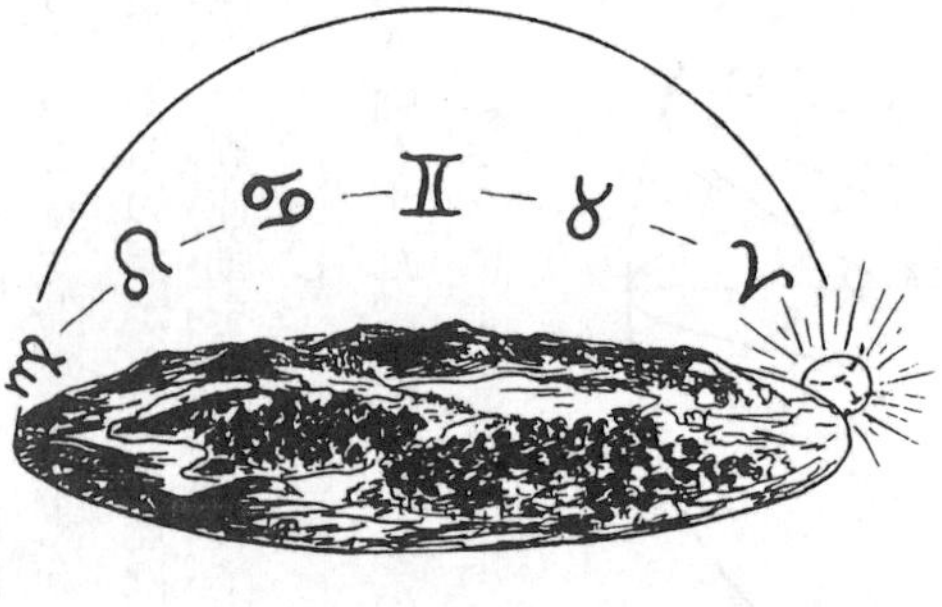

十八図

に二十三度二分の一である。したがって天の赤道と黄道には、ここにもまた二つの交点、すなわち、地球がそこを通って太陽の世界を体験する二つの門が存在する。それは春分点および秋分点と呼ばれるものであって、それは地球にとっては、人間にとっての東点西点にあたるものである。

　私達は今、私達自身の存在を忘れよう。そしてまた、地球自身が回転軸を回転することも忘れよう。そしていかに地球が太陽空間を体験しているかを想像してみよう。そのことは確かに思考上の困難を伴う。だがしかしできないことではない。今や私達は地球が私達の目の前で、宇宙の中にぶら下がっているのを見る。天の赤道は地球の地平線であり、天の極は地球の天頂と天底である。私達は地球が自分自身の固有の空間にいるのを観察しているわけである。十二獣帯の空間は地球のまわりに横たわっており、この十二獣帯の空間から地球の中に太陽の作用力が流れ込む。十二獣帯空間は地球空間に対して斜めに存在しており、したがって十二獣帯の半分は、天の赤道の北側に、もう半分は南側に存在するのである。

地球はつまり、じっとして動かない。東も西もない。だが私達は、地球に対するのと同様星空に対しても、北半球と南半球の区別は残しておくことにする。

　私達は次に、太陽が北半球の地平線にやってくるのを、地球がどんな瞬間にどのように体験するかを想像してみよう。太陽は、うお座（♓）にある時に天の赤道を越える（太陽は春分点に位置している）。地球の北半球は明るくなり始める（十八図）。

　今や地球は、太陽が北側の地平線上をゆっくりと動いていくさまを、大変ゆっくり一日約一度（なぜなら一年で三百六十度動くから）の速さで動いていくのを体験する。太陽は、少しずつ動いていく際に少しずつ高く上がる。三ヶ月たつと太陽軌道の最高点に達する。その時太陽は、ふたご座（♊）に位置する。二十三度二分の一の高さである。したがって、地球の地平線上のかなり低い位置である。太陽はそれから数日間、天のこの位置にとどまり続ける。——この時を夏至という。それから太陽は再び下がって行き、かに座（♋）としし座（♌）を通って秋分点の方へ進む。秋分点は、おとめ座（♍）の頭に位置している。地球の北半球は、こうして半年間明るいのである。今や太陽は再び天の赤道を越える。この時が秋分点である。地球の北半球は暗くなる。なぜなら、今や太陽は地球の南半球を照らすからである。そこでは太陽は、太陽軌道の残りの半分をめぐっていく。おとめ座（♍）から、てんびん座（♎）、さそり座（♏）、いて座（♑、冬至）へと進む。いて座（♑）は南の赤緯二十三度二分の一にある。その後やぎ座（♑）、みずがめ座（♒）に行き再びうお座（♓）に昇る。さらに再び春分点に到達して太陽の一年は完結する。太陽に向いている地球表面の部分しか照らさないので、私達は、今や、いかに太陽光線がゆっくりと地球の上をすべっていき、少しずつ新しい地域を照らし、一方の地域は暗闇に入っていくかを想像しなくてはならない。このイメージをもっと生き生きと描き出すためには、地球上の生物が太陽とともに移動するさまを、想像してみるとよいかもしれない。たとえば渡り鳥達は、太陽に照らされている場所を追って太陽と共に北半球から南半球に行き、そして帰って来るのである。——この地球を取り巻く太陽の動きをはっきりと自分の前に見ることができ、この太陽の動きが単なる抽象的概念でなくて一つのイメージとなって初めて、私達はさらに想像活動を先に進めて行くことができる。

私達が北極に立つと、人間空間が地球空間と一致するということを思い起こしてみよう。そこではしたがって、人間は地球が太陽空間を通ることによって一年間に出会うものを、共に体験しうるのである。

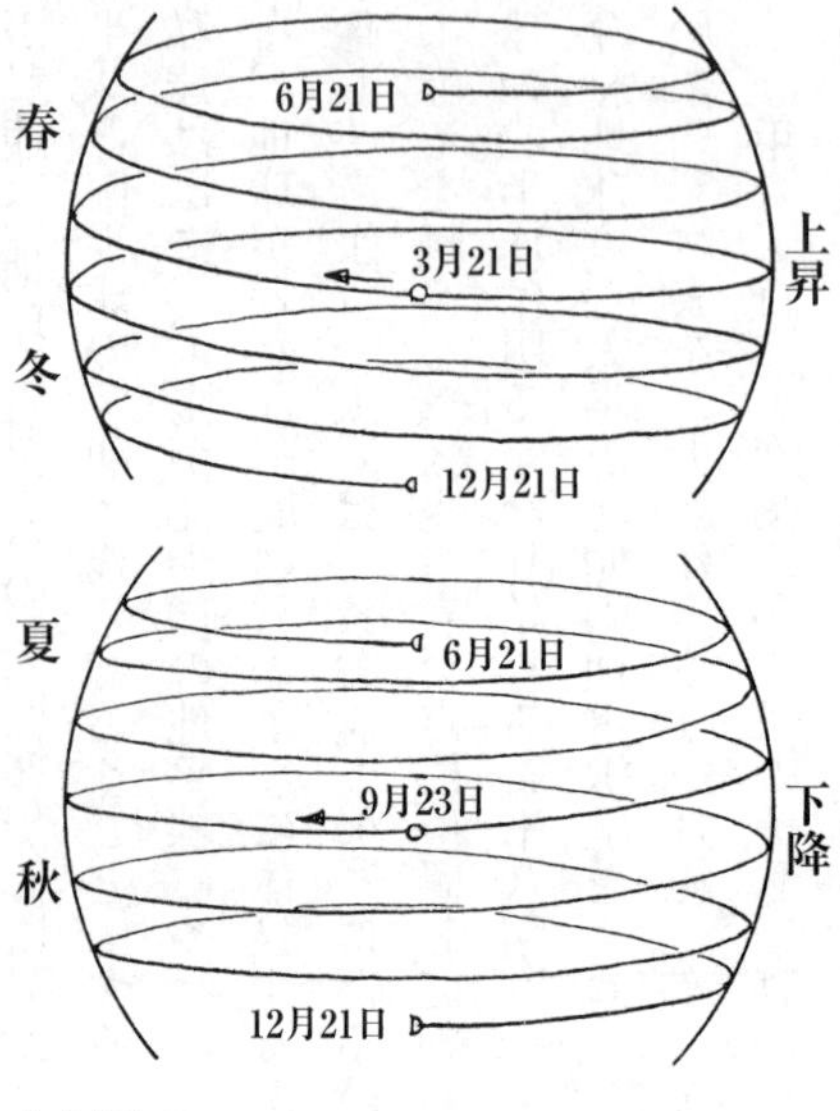

十九図

そこでは人は、実際に六ヶ月にわたる昼と六ヶ月にわたる夜とを体験する。しかし北極に立つということは、私達自身を地球と一体化することであるので、私達は地球を再びその回転軸のまわりに回転させなくてはならない。私達はその時再び、すべての北の天にある星が地平線と平行に日周運動を描くのを見ることになる。したがって、太陽がこの日に位置する星座もまた、地平線と平行に日周運動を描く。太陽が春分点を通過して、ちょうど地平線に昇ってきた時のことを想像してみよう。太陽はその時一日中水平に私達の周りを回転する。しかし決して正確に動くのではない。なぜなら一日を過ぎると、ほんの少しだけ前より高い位置に昇っているからである。

私達は地球が静止しており、そのまわりを太陽が一年の周期でゆっくりした軌道を描くというイメージをはっきり思い浮かべることができるならば、太陽軌道が、地球の軸回転の結果、三六五の日周運動に分解され、その太陽の日周運動が集まって一つの螺旋形を描くということをも、確認することができるであろう（十九図）。この螺旋は春分点から夏至に向かって上行し、夏至から下がって冬至に至り、さらに冬至から、うお座にある春分点に向かって上行する。螺旋の幅はもちろん$2\times23\frac{1}{2}°=47°$。四十七度である。太陽光線および太陽作用力はこの螺旋によって地球をおおうのであるが、この螺旋もまた観察している人間にとっての一つの現実である。この現象は、もちろん北極ないしは南極で最もよく観察されるであろう。なぜなら私達はそこで自分自身が地球と共に、二十四時間中たえまなく太陽螺旋によって取り巻かれているからである。しかしこの現象は、スピッツベルゲン諸島や北氷洋上でも、まだかなりよく観察できる。これは、太陽が毎日昇り沈みする際私達が体験するのとは、全く違った太陽体験である。それは地球が太陽に対して体験するものである。

　さて私達が北極から離れて行くと、太陽螺旋はどう変わっていくだろうか？　私達は、その時地球空間が、私達の地平線に対して斜めになることを知っている。すなわち北の天の極は「沈み」、一方南の天の赤道は、地平線上に昇る。それによって人間には東点と西点とが生じる。これに反して春分点と秋分点とは地球空間に属しているのであるから、私達の地平線上にはもはや存在しなくなるのである。

　天の赤道は太陽螺旋の真中にあるから――したがって太陽が春分の日、および秋分の日に描く軌道である――太陽螺旋は天の赤道と共に、南の地平線の上方へと昇り始める。太陽軌道は南に高く、それゆえもちろん北に低くなる。天の赤道に接近して走る太陽の日周運動が、まず最初に北の地平線下に消える。そして私達が北極から離れれば離れるほど、太陽の螺旋はその分だけ次第に北の地平線下に消えていく。太陽螺旋の最も上端の円軌道は、赤緯二十三度二分の一であるが、この円軌道は、私達が北極から二十三度二分の一以上離れた時、その時初めて北の地平線に消える。北緯六十六度二分の一上では、真夜中になっても太陽の沈まない日が少なくとも夏に一日あり、一日中太陽の昇らない日が少なくとも冬に一日ある。この緯度を北極圏という。この線はヨーロッパでは、スウェーデン、ノールウェー、北ロシアの上を通っている。フィンランド領ラプランドの首都のロバニエミは、ちょうどこの北極圏上にある。

したがって北極圏より北側に位置するすべての地点では、一年のある時期、ずっと昼が続くか、ずっと夜が続くかする。地球の南半球でも、もちろん同様である。ただし南極地点では、北極圏の内部での夜の時が昼となる。南極圏の通るところには人は住んでおらず、現在探検調査中である。

さらに二十三度二分の一以上北極から遠ざかると、太陽は毎日昇り沈みする。北極圏の近くでは、夏はほんの短い時間しか太陽は地平線下に沈まない。たとえば真夏の夜、ストックホルムからフィンランドのティルクへ旅したとすると、人は太陽が夜の十一時から十二時の間だけ沈むのを見るであろう。素晴らしい夕焼けが現われるが、決して暗くはならない。まだ夕焼けが完全に消えないうちに、空はそれよりほんのわずか東よりの地点で、もう再び深紅色になり始める。朝焼けになり、太陽は十二時半直後に再び昇る。太陽が地平線の下で描くのは、非常に小さな円弧にすぎないことがわかる。冬のこの地方では、太陽はほんの短い間しか見えない。私達がアムステルダムの緯度すなわち北緯五十二度上に位置すると、その時太陽螺旋は私達の地平線と斜めになるから、その中心である天の赤道は、地平線上三十八度のところにくる。春と秋の始めに、太陽は正確に東から昇り西に沈み、昼間の円弧は夜の円弧と全く同じ長さとなる。それでこの日は彼岸の中日とも昼夜同長日とも呼ばれている。太陽の南中の高さすなわち正午の高さは、三十八度である。太陽が春分点で天の赤道を越えた後、太陽軌道は半年間、天球の北半球上をめぐっていく。この際太陽は北東から昇り北西に沈む。この円弧の最も高い点に達した時、日中の円弧は最大となる。太陽は約十六時間地平線上にあり八時間地平線下にある。太陽の正午の高さは、最も昼間の長い日で$38^\circ + 23\frac{1}{2}^\circ = 61\frac{1}{2}^\circ$。六十一度二分の一である。冬、すなわち太陽が螺旋の天の南半球に属している部分を通過する時、太陽は南東から昇り南西に沈む。日中の円弧は最も日の短い日で八時間、夜の円弧は十六時間である。正午の高さはしたがって$38^\circ - 23\frac{1}{2}^\circ = 14\frac{1}{2}^\circ$。十四度二分の一である。このことは、アムステルダムと同じ緯度であるすべての場所で通用する。

太陽螺旋を私達が観察できる部分だけでなく、地平線下を走る部分をも含めて、その全行程を想像してみるということは、実に素晴らしい訓練となる。それができるようになれば次には、たとえば冬小さな太陽円弧を観察しながら、太陽がいつになったら螺旋の中を昇り、最高点に達するだろうか、それから再び秋分点を通って最も低いところに戻っていくのはいつだろうと、想像し得るのである。

私達にとって太陽螺旋がこうして現実性をおびたものとなった時初めて、私達はさらに南の方へ行って観察した場合の様々な太陽の位置を、説明できるようになる。

私達は北緯三十八度にあるシチリアにいるとしてみよう。天の赤道は地平線上五十二度のところにある。日中が最も長い日の太陽の正午の高さは$52° + 23\frac{1}{2}° = 75\frac{1}{2}°$七十五度二分の一、最も短い日は$52° - 23\frac{1}{2}° = 28\frac{1}{2}°$二十八度二分の一である。

私達が南の方へ行けば行くほど、天の赤道は地平線に対して急傾斜となり、したがって太陽螺旋もまた急傾斜となる。太陽は日照時間の最も長い日に、天頂を通過する場所にやってくる。その時天の赤道は天頂から二十三度二分の一離れている。したがって緯度は二十三度二分の一になるのである。太陽が一年に一回天頂を通る緯線上にあるすべての地点は、したがって北緯二十三度二分の一にあることになる。その緯線を北回帰線という。南半球でそれと一致するのは南回帰線である。

私達が赤道にやってくると、天の赤道は地平線と直角になって、私達の天頂を通っているのがわかる。太陽螺旋は私達の地平線と垂直になり、太陽螺旋の半分が北半球上にあり、他の半分が南半球上を走る。太陽が春分点にやってくる時、私達は太陽が真東から垂直に昇るのを見る。それから日の出の点がゆっくりと北にずれていき、太陽は最も北に位置するところまでやってくる。太陽はこの時、北回帰線上にいるすべての人々にとっては天頂に位置しているわけである。それから太陽は再び向きをかえ（回帰線という名はこの現象に由来している）天頂に戻り、南半球に向かって、太陽の一番はずれの位置まで行く。そして南回帰線上のすべての地点にとっての天頂に位置する。そこから再び方向を変えて赤道上の天頂に戻ってくる。この二つの回帰線の間にある地球上の領域を熱帯と呼ぶ。

太陽螺旋そのものを観察するには赤道上が一番適していると言えるかもしれない。しかし赤道上では太陽の昇り沈みが早く、昼間は一年を通じていつでも十二時間の長さであり、夏と冬の著しい差異はなく、したがって結局のところ興味の焦点が地球の軸回転の問題に制限されるきらいがある。これに対し私達が極地にいるとすると、私達は太陽が螺旋を描いて昇ったり、下ったりするのを見ることができる。極地では一年のうちの半分は昼間であり同様にその半分は夜である。赤道にいる時とは違って、地球が太陽空間と遭遇するのを、私達は共に体験できるのである。

さてさらに南へ行ってみよう。そうすると天の赤道は北側に円弧を描く。南緯二十三度二分の一、すなわち南回帰線上では、太陽はまた私達の天頂を通過する。そこから太陽螺旋の全体が、私達の天頂より北側の空に位置するようになる。したがって私達が、ケープタウンの新聞で「すべての部屋が北向き」の家の広告を見ても、何の不思議もないわけである。そこでは太陽が十二獣帯のうちの天の南半球に属する星座の上を通過している時に太陽の最も高い点に位置することになる。だから、私達のところで冬の時、地球の南半球では夏である。そこではクリスマスが最も日照時間が長い日となる。

南極圏では再び、一年のうちで数日間、太陽が地平線上に昇らないかまたは沈まないようになり始める。南極でも一年の半分は昼間で、半分は夜である。おとめ座（♍）にある秋分点で太陽が天の赤道を越える時、極日が始まる。太陽はてんびん座（♎）の二つの秤皿とさそり座（♏）を過ぎて、いて座（♐）で最高点に達し、それから再びやぎ座（♑）とみずがめ座（♒）を通って、うお座（♓）の春分点にやってくる。この春分点にある時、太陽は南極ではもはや見ることができない。

南極ではしたがって私達は、北極では地平線下を走っていたもう半分の太陽螺旋を、観察できるようになる。

　私達はすでに何回か、太陽の年周運動は西から東の方へ走るということを述べてきた。一方日周運動の方は、東から西へと移って行くのが観察される。

　私達はここで再び、地球空間に属し、人間空間に写し出されている運動を取り上げなくてはならない。そしてこの運動を観察することができるために、再び私達の子午線を利用しなくてはならない。なぜならば、子午線は御存知のとおり、二つの空間に属しているからである。太陽は東から昇り、南で一番高い高さに達し、私達の子午線を通過するということ、そしてそれから西に沈むということは、私達が日々観察できることである。年周運動によって太陽は一つの十二獣帯から次の十二獣帯へと進んでいく。しかし太陽が天にある時は、星座は見えない。私達は夜の間にしか星座を見ることができない。したがって私達が太陽の年周運動を追跡しようとするなら、夜にそれを行なわなければならない。

　冬の星座が夏の星座とは全く違って見えるということは、ここまでくればすでに予想がつくであろう。そしてこれもまた、太陽の年周運動と関連があるのである！　地球の回転軸の反映である星座の日周運動だけを問題にしていればよいのなら、星座は私達の頭上に一年を通じて同じところにとどまっているはずである。もしそうなら地球の一回転の後、つまり二十四時間後には、同じ星が私達の子午線を通過するはずである。たとえば二月のある真夜中に、しし座（♌）の明るいレグルスが子午線を通過するのを見たとすると、次の夜も再びそれが観察できる。この再度のレグルスの子午線通過は、地球が回転軸のまわりを一回転したことを意味する。しかし私達の時計はこの時、真夜中よりまだ四分弱足りないことを示している。次の日には約八分間の違いが出る（違いの平均値は三分五十六秒である）。

　これはいかなる理由によるのであろうか――真昼と真夜中は、太陽の位置によって決められる。太陽が南の子午線を通過する時が、その観測地点での真昼である。真夜中に太陽は再び子午線を通過するが、しかしその時は北の空の地平線の下である。春分の日に太陽はうお座（♓）に位置するから、太陽がこの星座と一緒に南中し、それと一緒に真夜中に子午線を通過するということを理解するのは、難しいことではない。それではどんな星座が、真夜中に南の方角で子午線を通過するであろうか。もちろんそれは、うお座（♓）から一八〇度離れている星座である。うお座に相対するのは、その星座の中に秋分点のあるおとめ座（♍）である。それから一ヶ月過ぎて、太陽がうお座（♓）からおひつじ座（♈）に移っていくと、真夜中にてんびん座（♎）が南中する。こういうふうにしてどんな星座が正反対に向かい合っているかは、十七図を見るとよくわかる。一年間が経過して行く間に、私達は十二獣帯のすべての星座が真夜中に私達の子午線を南中するのを見る。太陽は春から夏の間、うお座（♓）、おひつじ座（♈）、おうし座（♉）、ふたご座（♊）、かに座（♋）、しし座（♌）を通っていき、その時真夜中頃に、おとめ座（♍）、てんびん座（♎）、さそり座（♏）、いて座（♐）、やぎ座（♑）、みずがめ座（♒）が南中する。秋から冬の間に太陽は、南の赤緯上にある星座を通っていく。すなわち、おとめ座、てんびん座、さそり座、いて座、やぎ座、みずがめ座であり、その際真夜中頃には次々と、うお座、おひつじ座、おうし座、ふたご座、かに座、しし座が南中する。夏、太陽が日中一番高い地点に到達する時、夜には、十二獣帯で天の南半球に属するすべての星座が天に昇るのを、私達は見ることができる。冬の夜には、北の赤緯に属する星座が見える。したがって夏、十二獣帯は地平線上低く動いていき、冬はそれに対して地平線上高く動いていく。

だからすべての星座および十二獣帯は地球の自転によって一日の間に一回私達の子午線を通過するのと同様、すべての十二獣帯およびすべての星空は太陽の年周運動によって一年の間に一回私達の子午線を通過する。太陽が毎日、西から東へと移動していく約一度の歩みは、私達には私達の時計が毎日約三分五十六秒、星座の毎日の東から西への運行に遅れていくという形をとって現われる。

私達がこうした運行を観察するためにレグルスを

選んだ理由は、レグルスがちょうど黄道上、すなわち太陽軌道中にあるからである。私達はしかしながら次のように太陽の年周運動を理解できるのである。すなわち、太陽はうお座の春分点に位置している時、春分点と一緒に子午線を通過する。次の日春分点が再び子午線を通過すればそれで地球空間が一回自転したわけなのだが、しかし太陽もその間に西から東へ一歩んでいる。そして太陽が再び子午線を通過するまでには、もうすこし間がある。したがって太陽日は恒星日より長い。一日につき三分五十六秒という時間は半年で半日となり、半年たつと太陽は地球の自転に半日遅れる。恒星日の一日は、春分点が再び子午線を通過する時点で計られる。しかし太陽が春分点にきてから半年後に太陽は秋分点に位置し、春分点より十二時間遅れて南中する。一年後の時間のずれはしたがってまる一日となる。だから恒星年は三六六日である。今や私達には日常の生活に、恒星時を示す時計が使用できない理由が明らかとなる。星の正確な上昇時間を決定するために天文台で使用されているような恒星時計は、日常では用いられない。太陽が私達の子午線を通過する時が、私達にとっての真昼なのである。その時が、地方時の十二時である。私達の観測点より東か西にずれている地点では、したがって、真昼は私達の真昼より早く来るか遅れて来る。次第に増加する地方間の交通を考えれば、地方時を用いることの困難なのは明らかである。しかししばらく前の時代、オランダではアムステルダム時を用いながら、駅の時計だけは二〇分遅らせてあったのを思い出す人も多いであろう。なぜなら列車の発着には、グリニッジ時が用いられていたからである。当時ドイツに向けて旅行した人は、国境で時間を四〇分進めなくてはならなかった。

　私達は二十四の子午線を用いて地球を二十四の時間帯に分けている。各々の子午線の間の距離は、互いに一時間のずれになるようにとられている。私達は今オランダの国内のどの地方でも、いわゆる中部ヨーロッパ時を用いている。それは、ゲルリッツの子午線である東経十五度上にあるすべての地方の地方時である。東へ行くと東ヨーロッパ時が続き、それはレニングラードの子午線上にある。東に向けて旅する人は、各時間帯を越えるごとに、時間を一時間ずつ進めなくてはならない。西へ向けて旅行する人は、時間を遅らせなくてはならない。東西二つの方角のどちらをとっても、旅行者は最終的に一八〇度の子午線上にやってくる。それを日付変更線という。東から西へ旅行する時、人はそこでまる一日とばさなくてはならないし、東へ旅行する人は、同じ日付の日を二度すごさねばならない。このことはまたジュール・ベルヌの『八十日間世界一周』の秘密を説明している。なぜならフィリアス・フォッグは東に向かって地球を一巡したのであり、いわば太陽に向かって進んだので、それによってまる一日もうけたからである。

　太陽軌道、すなわち黄道が、天の赤道と斜めになっていないとするなら、太陽は常に真東から昇り、真西に沈み、太陽は決して高くも低くもなく常に同じ高さで天に位置するであろう。しかもその上に、完全に一定速度で天の赤道にそって進んでいく一つの太陽を想定して、それによって私達の時計は作られている。現実の太陽軌道は決して地上的メカニズムで決定されていない。私達に真実の太陽運行を見せてくれるのは日時計だけである。すなわち太陽が地球空間の内部に投げかける影だけが、太陽軌道の真実相を私達に示すのである。

♈	おひつじ座
♉	おうし座
♊	ふたご座
♋	かに座
♌	しし座
♍	おとめ座
♎	てんびん座
♏	さそり座
♐	いて座
♑	やぎ座
♒	みずがめ座
♓	うお座

第四章　春分点の移動

今まで考察してきてわかるように、地球空間は太陽空間と一致していない。それゆえに、地球は宇宙に向けて、自分自身の「特質」、言いかえれば自分自身の存在性を保持する。もし人間が地球上を移動していって、自分自身の空間と地球空間との間に次々と新しい関係を結ぶ時、人間は地球に対して、地球対太陽とよく似た関係をもつと言えるわけである。

人類の発展史はその大部分が、地球発見の旅行の歴史でもある。アテネ人は、アゴラ、すなわちアテネの集会・祝祭場で、ヘロドトスが自分の旅行について報告した時に(紀元前四四五年)、畏敬の念に満ちて聞き入ったものである。そしてアレキサンダー大王が雪の積もった無人のパミール高原を歩きわたることができたということに、今日の私達でさえ驚きの念を禁じえない。

中世の騎士達の住んでいた宮廷で、人々はゼンテ・ブランダエンの歌う歌に聞き入ったものである。グリーンランドがキリスト教化された時、ノールウェーの北部にあるウルティマ・テゥーレは、多くの人々の魂にとっての憧れの地となった。アメリカがコロンブスによって新しい世界の一部として発見されるよりずっと前に、アイスランドやスカンジナビアから、波の形に似せて作られたバイキング船がアメリカに向けて帆走した。すなわち近世の初頭に偉大な発見旅行が行なわれ、人間は地球から高度に「自由」となった。歴史的に見ても、当時、コペルニクス的世界観によって、地球が宇宙における中心的地位を失ったということは理解できる。数百年を通して地球は、人間にとって自分の足の下にある堅い大地であった。すなわち宇宙の動かし難い中心点であった。――ところが突然、地球は自分の軸のまわりを回り始め、自分の上に立っている人間を自分と共にものすごいスピードで振り回わすようになった。それればかりか、地球は、他の惑星がするように、太陽の回りに軌道を描くようになったのである。実際地球は突然、宇宙のちり以外の何ものでもなくなった。今や地球が宇宙の中心でなくなってしまった以上、人間は宇宙における堅固な中心点を自分自身の中に、つまり自分自身の人間存在の中に捜さねばならなくなった。

こうしたことは非常に異端的なことであったので、異端者審判法廷は、ガリレイとかジョルダーノ・ブルーノというような人達を、彼等がはっきりと自分達がコペルニクス体系の信奉者であると明言したがゆえに逮捕したのである。ジョルダーノ・ブルーノが自分の確信をひるがえすよりは焚き木の上に昇ることを良しとしたということは、ただ歴史的観点からのみ理解できるのである。彼の新たに獲得した自由の感情および自我意識は、彼にとって自分の肉体の生よりも尊かったのである。

人間は地球から自分をきわめて自由に解き放った。人間はたとえば光輝く南の空のもとでヨハネスブルクから飛行機に乗りこみ、赤道上で一瞬の間全地球空間を体験した後、北の天を斜めに見ながら、二十四時間後にはアムステルダムのシフォール空港に到着できるのである。それから彼は他の飛行機に乗りかえて、十二時間後には北極の上を飛ぶことができる。地球空間に対するこのような独立性を人間は、人間だけが自由に使うことのできる思索という力を通して、獲得したのであった。というのは人間の頭は、地球の自転を地球と共に体験することがないからである。どの程度までこの地球からの自己解放が進みうるかということと、その際人間に何等かの限界があるのかどうかということは、これからの宇宙旅行の発達が示してくれるであろう。

地球はもちろん、人間が地球空間に対してもつほどの大きな独立性を、太陽空間に対してもっていない。私達は天の赤道と黄道との交点である春分点と秋分点とを、私達の東点、西点と比較した。地球は春分点、秋分点を通して、太陽空間を体験する。ちょうど人間が東点、西点によって地球空間を体験するように。それらの諸点は、私達が述べたように、一つの空間から他の空間へ向けての門である。人間が彼の長い一生を通して、東の方角に同じ教会の塔が立っているのを見る時には、地球に関してきわめて偏狭な像を作りあげることになるのと同じように、太陽が地球に対して春分点を通して送ってくる光が、常に同じ方向からもたらされるならば、地球は宇宙の太陽空間をきわめて偏狭に体験することになってしまう。実際はそうではなくて、地球はある一つの運動を行なっており、その運動によって春分点はゆっくりと十二獣帯にそって移動していく。

この動きを明らかにするために、私達はその動きを自ら実行することで試みてみようと思う。前の章で私達は、地球が宇宙の中でどのように十二獣帯空間に取り囲まれているかということを明らかにした。すなわち、この十二獣帯空間は地球空間を斜めに取り巻いており、そして黄道は、天の赤道と二十三度二分の一の角度で交わっているのである。したがって黄道極は天極から二十三度二分の一離れているのである。

私達が地球をその自転軸の回りに回転させる時、すべての星は天の赤道と平行に日周運動を描き、したがって黄道極のある場所も天の赤道に平行して回転する。この黄道極は天の極にかなり近いところにあるから、黄道極は二十四時間で天の極の周りに円を描くということができる。この円の半径はもちろん二十三度二分の一である。

さて私達はここで一度全く反対の考え方をとってみよう。すなわち地球空間が黄道空間に対して、斜めに位置すると想定するのである。そうするとその時、天の北極は、黄道の北極よりも二十三度二分の一低くなるから、天の赤道は黄道の上側に昇ってくる。この時に地球空間が十二獣帯に対してもつ関係は、ちょうど私達が北極圏で、天の北極が私達の天頂より二十三度二分の一離れた地点に立つ時に、地球空間が人間空間に対してもつのと、全く同じ関係である。

星空をその法則性にしたがって理解するためには、できるだけ心を柔軟にしておく必要があり、そのためには、このような出来事に対して「頭を切り換える」ことがいい勉強になる。そこで一度部屋のまん中に行ってみよう。そして、自分が十二獣帯空間に取り囲まれていると考えよう。そうすると十二獣帯の星座は、私達を水平に取り巻いている大きな帯となる。そして私達の頭の上には、黄道極が位置する。

さて私達は頭を後にそらして、頭のてっぺんが天において天の北極が離れているのと同じ程度に、黄道極から離れるようにする。私達は、私達の頭上を通ってさらに黄道極をも通過する一つの円を、描くことができる。この円は、天の赤道が天における最も高いところに位置している点で、黄道と交わる。したがってこれが、子午線が人間にとってそういう円弧であったのと同様に、二つの空間に属する天における円弧でもあるのである。さてここで、私達が腕を水平に伸ばすと、指先は黄道上の二つの点を指し示す。すなわち春分点と秋分点である。この二つは地球空間と太陽空間との接点であり、この「門」を通して、地球は太陽の世界を体験できるのである。現在の地球は、春分点を通して宇宙のうお座の方から、秋分点を通しておとめ座の方から太陽の力を体験している。さてここで私達は、ゆっくりと頭を左の方へ動かして、頭のてっぺんで黄道極のまわりに円を描くようにする。すると私達はその際、私達の伸ばした腕もまた動いていくのがわかる。私達の指先はあいかわらず春分点と秋分点を指している。しかし、この点は、私達の頭と上半身の移動と共に、十二獣帯にそって移動していく。

これが地球が行なっている動きなのであって、この春分点移動は歳差と呼ばれている。歳差は、地球が春分点を通して、そのつど宇宙の違った領域を知ることに役立っている。天の極はその際、もちろんまた二十三度二分の一の角度で、黄道のまわりに円弧を描く。この円弧にあるすべての星は、時の推移と共に北極星になる。だから紀元前約三千年頃には、りゅう座の大きな星が北半球の北極星であった。こと座の夏輝くベガが、天の北極のすぐ近くにくる時がそのうちやってくるだろう。

私達はこの動きを椅子に座って行なった。というのは、私達は宇宙空間の中に自由にぶら下がることができないからである。私達はこの動きを、ちょうど地球が地球中心にやっているように、自分を「中心」にやらなくてはならなかった。南半球では天の南極はこれと同じ動きを南の黄道極のまわりで行なっている。

地球がたえず宇宙についての印象を見つけ出すの

は、この動きによるが、この運動が一巡するには、二五九二〇年かかる。この間に春分点は——もちろんのこと秋分点も——十二獣帯のすべての星座の中を通り抜けていく。太陽も十二獣帯のすべてを通り抜けていくが、その動きは一巡するのに一年しかかからず、しかもこの太陽の年周運動が西から東へと行なわれるのに対して、歳差（春分点移動）は、東から西に向かって移動する。したがって、太陽が一年かかって、うお座からおひつじ座、おうし座、ふたご座と歩んでいくのと反対の方向に春分点は動いていく。このことから必然的に、太陽が一年かかって再び春分点に戻って来る時に、春分点は太陽に向かってほんの少し近づくという結果を生ずる。こうして太陽は、一年ごとに二十分ずつ早く春分点に到達する。この太陽の春分点から春分点へと動く動きのことを回帰年という。

　ユリウス・シーザーとエジプトの賢人ソシゲネスが共同で採用した暦（ユリウス暦と呼ばれる）は、まだ春分点の移動を計算にいれていなかった。それゆえに一年は二十分長すぎた。ユリウス暦が採用された時には、太陽は三月二十四日に春分点に位置していた。ところがニケアの公会議が三二五年に行なわれて、ユリウス暦がキリスト教全体に受け入れられた時、春は三月二十一日に始まった。法皇グレゴリオ十三世が一五八三年に、春の初めが常に三月二十一日にくるような暦を採用した時、時間誤差がすでにきわめて大きくなっていたので、十月五日を十月十五日にとばしてしまう必要があった。グレゴリオ暦では、世紀が変わる年には閏日がない。ただしそれは百までの数字が四で割り切れない場合である。すなわち一九〇〇年は閏年ではない。紀元二〇〇〇年は再び閏年となることになっている。

　コペルニクスは、この暦の完成に多大な寄与をした。それにもかかわらず、彼にも歳差の正しい値ははっきりしなかった。であるから、たいていの教科書が歳差として約二万六千年と書いているにもかかわらず、古代に知られていた二五九二〇年という数字の方を用いていても、差し支えないと思う。この二五九二〇年という大きな時間リズムは、プラトン的宇宙年と呼ばれている。これは実際に「一年」なのである。なぜかというと、太陽が一年かかって十二獣帯を一まわりするのと同じように、春分点が全十二獣帯を一まわりする時間に相当するのも『一年』であると言ってよいからである。したがってこの宇宙年の『一日』は、ちょうど太陽が一日に一度進んでいくのと同様、春分点が自分の軌道を一度進む時間のことであって、つまり七十二年である。またこの宇宙年の一ヶ月は、春分点が十二獣帯の一つの星座を通過する時間なのだから、それには二一六〇年を要する。

　外から見た場合、この運動の結果、何が地球に生ずるのであろうか。地球の赤道と地球の両極、天の赤道および天の極によって規定されている空間、それらを伴って生きる地球には、もちろん何の変化も生じない。また十二獣帯の広い帯と黄道極をもつ黄道空間もまた、不変化のままである。そして同様に、天の赤道と黄道とが形成する二十三度二分の一という角度もまた、多少の増減はあるというものの、不変化のままである。変化するのは、星空が地球空間に自己を投影する、その仕方である。私達はこれを知るために北半球の星座表を使ってみようと思う(二十図)。

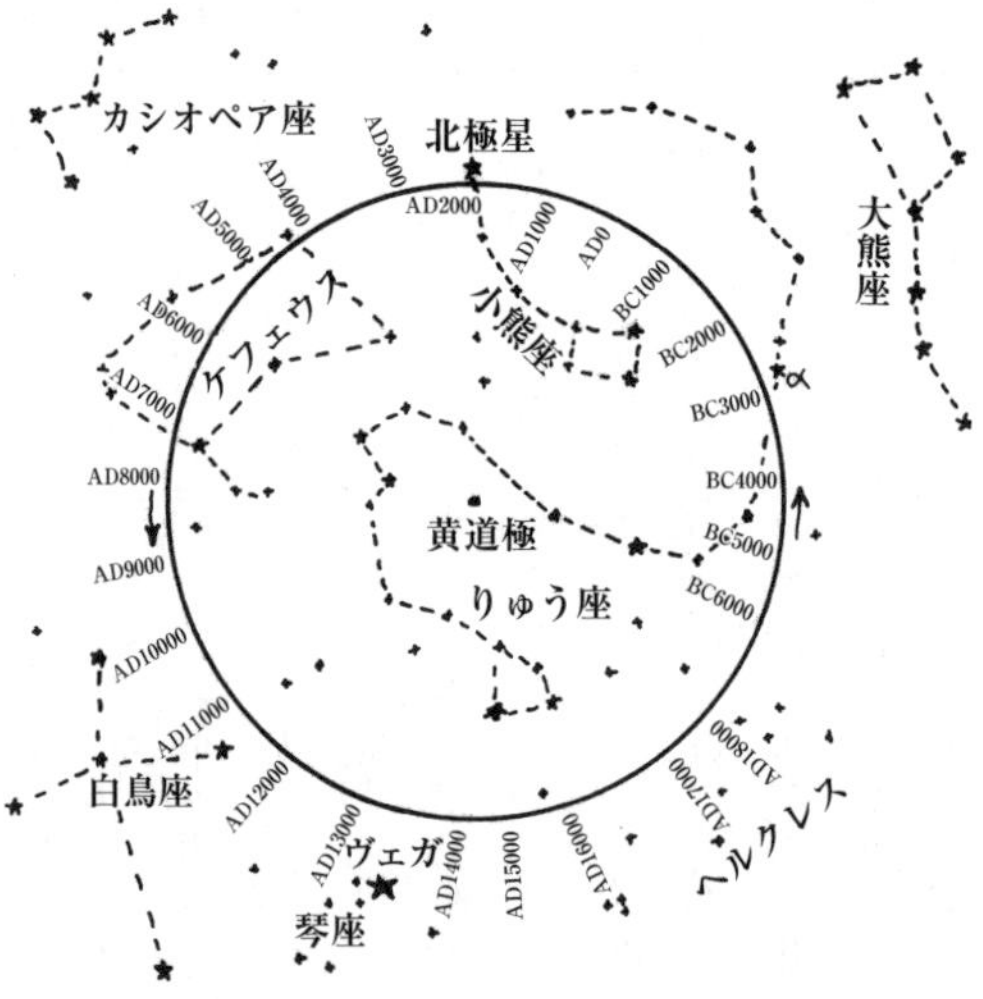

二十図

　私達は黄道極を中心点として一つの円を描く。この円の半径は黄道極と私達の北極星までの距離である。この円上にあるすべての星空は、北極星となることができる。りゅう座の中の一つの星も、この円上に位置する。この星についてはすでに述べたが、この星は、紀元前約三〇〇〇年には北極星であった。りゅう座の一つの星が北極星であった頃の北半球の星空を考えてみよう。その頃の北半球の星空は、今日とは全く違った姿を見せていたことがわかるであろう。大熊座は天の極のすぐそばにあり、北アフリカ海岸においてさえ周極性をもつ星座であったろう。まさにこの大熊座において、ヒッパルコス（紀元前一五〇年）は初めて歳差に関する考えを得たのである。ホーマーの作品の中では、大熊座は決してオケアヌスの海面下に沈むことはなかったのである。ヒッパルコスの時代、ギリシャの緯度上ではしかしながら、大熊座はもはや完全な周極性星座ではなくなっていた。また当時ペルセウスやカシオペアは私達の住む地方にとって周極性星座ではなかったということもわかる。歳差によって星空に引き起こされる変化に関して、わかりやすいイメージを私達が得ようとするなら、この観点から出発して子熊座を観察するのがよい。現在この子熊座のしっぽの星が、天の北極に位置している。子熊座は毎日一回、しっぽを摑まえられながら天の極をまわる。アルファ・ドラコニス（訳注、りゅう座のα星、トゥパンともいう）が北極星であった時（訳注、紀元前二三〇〇年頃）子熊座のしっぽの星は、天の極から最も離れたところにあって、極のまわりに大きな円を描いていた。それに反して、最も前の方にある星、ベーターとガンマは、現在は最も大きな円を描いているのだが、当時は極のすぐそばにあったので、それらが描く円は大変小さかった。天の極のまわりを回っていたりゅう座の姿は、まことに力強いものであった。

天の極と天の赤道との間の距離はいつの時代でも全く同じである。したがって私達は、現在の北極星と天の赤道との距離をコンパスで計りとって、りゅう座のアルファ・ドラコニスを中心にこの半径をもつ一つの円を描けば、当時の天の赤道を得ることができるのである（二十一図）。

私達はこの円が黄道とおうし座で交差しているのを見る。黄道と天の赤道との交点は常に春分点なのである。地球の軸がアルファ・ドラコニスの方向に向いていた時には春分点はおうし座にあったわけで

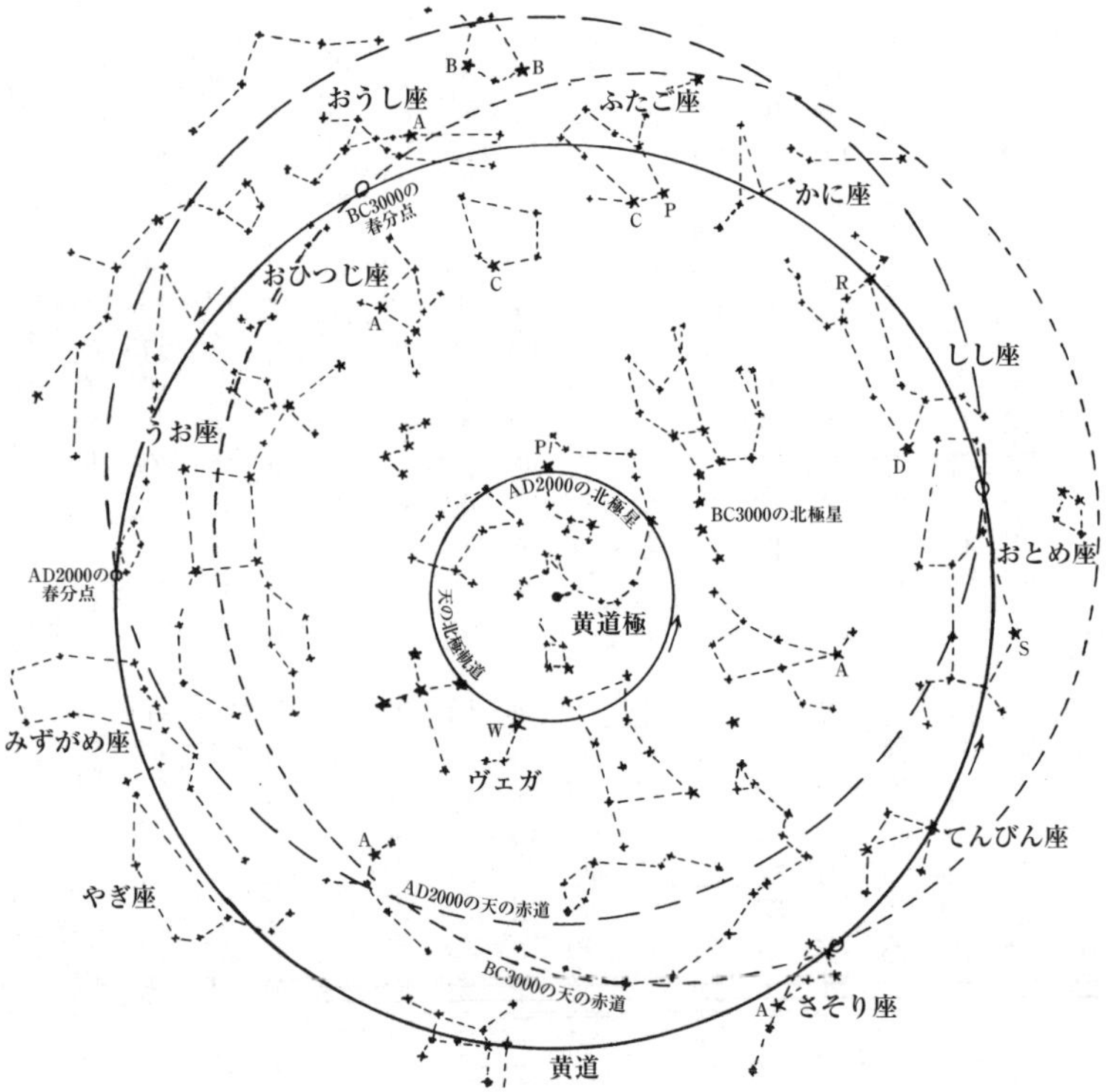
おうし座
ふたご座
かに座
BC3000の
春分点
おひつじ座
しし座
うお座
AD2000の北極星
BC3000の北極星
おとめ座
AD2000の
春分点
天の北極軌道
黄道極
みずがめ座
ヴェガ
てんびん座
やぎ座
AD2000の天の赤道
BC3000の天の赤道
さそり座
黄道

二十一図

ある。紀元前約三〇〇〇年の頃おうし座は、ちょうど天の南半球から北半球に移ろうとしていた。一方さそり座は秋分点として、北半球から南半球へと沈み始めるところであった。そしてさらに当時、オリオン座が、完全に南の空にあったこともわかるのである。もしある人が北極に立っていたとすれば、彼はオリオンを決して見ることができなかったはずである。またおひつじ座も、うお座も見ることができなかった。それに反して、てんびん座とさそり座の一部が見えたであろう。これらは当時まだ北半球に属していたからである。

ある星と天の赤道との距離が、その星の緯度である。すなわち歳差によって星の緯度も変わるわけである。ヒッパルコスは、春分点は変化すると予想した。その予想は、彼が星座表を作成しようとしていた時、先行者の一人であるティモカリス（紀元前二九〇年）が別の緯度の値を書き残していたことを発見し、それによって実証された。かくて、おうしのぎらぎら光る目にあたるアルデバラン星の緯度は、紀元前二九〇年には十八度四十五分、紀元前一五〇年には十九度四十五分、プトレマイオスの時代には十十一度、そして私達の時代には十十六度である。おうし座はつまり非常に急傾斜に昇ってきたのである。これに反しておとめ座の明るい星であるスピカは、この同じ時間内に、十一度二十四分から一十度に沈んだのである。二十二世紀の終わりには、春分点はうお座からみずがめ座に移っていくであろう。その時秋分点はしし座にあり、おとめ座は完全に南に落ちてしまうであろう。

もちろん春分点が黄道にそって移動して行く時に、一つ一つの星の赤経も変わって行く。だからたとえば、しし座にあってちょうど黄道上に位置しているレグルス星が、赤経も赤緯も共に零であった瞬間があった。それはもちろん、春分点がしし座にあった紀元前九〇〇〇年頃であった。現在レグルスの赤経は約十度であり赤緯は十十二度十八分である。この値はもちろん近似値である。なぜなら春分点はたえず移動しているからである。

これは実際星空における非常に大きな変化なのであり、「地球空間に反映している星座」といってよいのである。この変化を引き起こしているのは地球の動きなのであり、それはまさに私達が、私達自身の空間を地球空間との色々な関連に移し替えることによって、私達の地球像と宇宙像との変化を生み出しているということなのである。この際プラネタリウムが大変役に立つ。もし星空における様々な変化を理解できるほど十分に星空のことを知っているならば、一度プラネタリウムへ行って、星空をエジプトやギリシャ時代、もしくは八〇〇〇年前に合わせてもらったり、二〇〇〇年に星空がどのように見えるのかを見せてもらうがいい。

私達自身の空間を地球空間との色々な関連にもちこむ時に、私達が地球との関連で様々な体験をするのと同じように、地球もまた、自分の地球空間を宇宙の光空間との色々な関連にもちこむことによって、新しい宇宙体験をするのである。そして地球上の人間は地球の行なうこの宇宙体験を、もちろん自分流のやり方で、地球と共に体験するのである。

十二獣帯を次々に通り抜けていくこの春分点の移動は、実際のところ地球の発掘史そのものである。

新しい視界が地球の宇宙体験に向けて広がり、そして地球の体験することが再び人類の精神史に反映される。人類の精神史は様々な文化期の中を通っていくが、その文化期の一つ一つは、それぞれ大変独特な性格をもっている。それぞれの時代の春分点は星座から星座へと移動していき、各時代は、その春分点のある星座の特徴を示している。そのことについてちょっとだけ触れてみよう。

エジプト文化期の間、春分点はおうし座の中にあった。おうし、すなわちアーピスはエジプト時代、非常にしばしば現われてくる象徴であった。おうしはこの時代によく二本の角の間に太陽をはさんで描かれている。クニドスのエウドクソスについて、エジプトのアーピスが彼にマントをかぶせたと報じられているが、これはエウドクソスがエジプトの神殿の知恵を持つ者として、聖別されたということである。

また、おうしの金色の毛皮をとりに行ったというアルゴ号船員の伝説の中に、春分点がおうし座からおひつじ座に移行した時にギリシャ文化が発展し始めたという事実に対する神話的イメージを見ることは、確かに正しいことである。ここでよく誤解のもとになる一点に少し注目しておく必要がある。春分点は紀元前四〇〇〇年頃にふたご座からおうし座に移り、紀元前二一〇〇年まで、おうし座にとどまっていた。本当の意味でのエジプト文化は、しかしその時代の中期、すなわち紀元前二九〇〇年頃になって始まったのである。その時に初めてピラミッドや壮大な神殿が建てられた。本当の意味でのギリシャ・ローマ文化は、地球が宇宙的印象をおひつじ座の方向から受け取っていた数百年間に発達したのであるが、この文化期は、最初のギリシャの思想家達とみなされる紀元前七世紀頃のフェリキデスやターレスとともに始まったのである。

私達の時代の計算の起点である西洋紀元一世紀に、春分点はおひつじ座からうお座に移行した。しかし私達の時代の特徴を担う文化はようやく十五世紀初頭に始まったのであり、その時代には発見旅行が行なわれ、またコペルニクスやケプラーやガリレイのような学問的思想家が輩出した。

現在うお座をほとんど通過し終わった春分点は、二二〇〇年頃にはみずがめ座に移り、この星空の中に四十四世紀の半ばまでとどまるであろう。この星空と関連している全く新しい文化衝動は、この時代がその中期に達した時に初めて、十分に展開されるであろう。

私達がすでに見たように、天文学はギリシャ文化期に始まったものである。当時の人々は黄道を三十度ずつに分けて、十二の部分に区切った。当時は春分点がおひつじ座にあったので、そこから出発して十二の部分に分けたのである。現在では春分点は、もうほとんどうお座を通り抜けてしまっているにもかかわらず、人々は春分点のことを「おひつじ点」と呼んでいる。おひつじ点が春分点のことを意味しているのだということを知ってさえいれば、もちろん春分点をおひつじ点といっても差し支えは生じない。しかし、プトレマイオスの時代に通用していた星空に、現在なお固執するということになると、それは間違いである。大切な星の位置は、毎年の天文暦表に記されている。たとえばある年の天文暦表は、木星はいて座にあるといっている。ところが本当に空でこの惑星を捜すとすると、それは、さそり座の中に発見される。現代では太陽は、夏のまっさかりにはふたご座の中にいるのであって、もはやかに座の中にはいない。かに座とやぎ座の転回点は（訳注、夏至点はかに座にあり、冬至点はやぎ座にあるということ）現在では、本当ならば、ふたご座といて座の転回点（訳注、夏至点はふたご座にあり、冬至点はいて座にあるということ）というべきであり、二〇〇〇年以降では、おうし座の転回点、さそり座の転回点（訳注、夏至点はおうし座にあり、冬至点は、さそり座にあるということ）というべきである。

春分点は常に移動していくから、計算するには、問題なくギリシャ時代の分割法を用いてもいいわけである。なぜなら、星座はその際全く本質的な役割を演じていないからである。夏至はいつの時代でも、かに座にいようが、ふたご座にいようが、赤緯二十三度二分の一である。

春分点移動を否定するのは、とりわけ占星術である。不思議なことに、プトレマイオスは彼のアルマゲストの中では歳差のことを詳しく述べているにもかかわらず、彼の占星術の本の中では、歳差のことは全く述べていない。

しかしもし私達が星座を、現在私達の見るとおりに認識しようと思うならば、星座を昔からあったとおりの名前で呼ぶべきであり、決して昔そこにいた星座の名前で、現在の星座を呼ぶようなことはしてはならない。春分点移動を否定することは、宇宙の時間を停止させることを意味する。

後で見るように、この太陽空間と地球空間の交点には、月もまた「参加」している。しかしさしあたって私達は、太陽と地球の相互関係のありかたのうちでも、自分自身の肉体を通して直接に体験できる四季の変化について、詳しく観察してみよう。

第五章　四季

太陽が螺旋状回転をするということを述べた際にはっきりわかったことは、四季の交替が体験できるのは温帯で、螺旋が斜めになる位置においてのみであるということである。両極地では、四季について全く語ることができない。極地では、いうなれば一日が一年にひきのばされているのである。また太陽が天に常に高く昇る赤道では、冬を体験するのは困難である。人間の住んでいる広い地域があるのは北半球であって、その地域は温帯に属している。南半球でアムステルダムと同じ緯度のところを捜すと、フエゴ島の狭い山頂しかみあたらない。ニュージーランドの南部は南イタリアに匹敵する緯度にあるし、ケープタウンはアルジェと同じ緯度関係にある。春や夏が生ずるのは、太陽が天高く昇るからであり、秋と冬が生じるのは、太陽軌道がその時に最も低いところを通るからであるという説明に、もちろん人は満足している。後者はまた、黄道が天の赤道に対して傾いていることによっても条件づけられている。私達はこの出来事を地球を中心において、すなわち太陽が地球のまわりを回っているという観点から、説明することができるし、また地球が太陽のまわりに軌道を描いているという、太陽中心的観点からも説明できる。最初の立場は、私達の知覚に従う立場であり、二番目の立場は、コペルニクスが人間のこのような知覚に対して与えた説明に従う立場である（二十二、二十三図）。

これだけの説明では、四季の変化が人間にとって何を意味するのかは、まだ全く示されていない。四季の体験を意識することは、私達から次第に失われている。なぜなら家の中にいると、冬というものをしみじみ感じることがほとんどない。セントラルヒーティングが、すべてを解決してくれるからである。冷蔵庫は、夏の暑い盛りにも、食料を新鮮に保ってくれる。そして温室では、一年中花や新鮮な野菜がとれる。しかしそれゆえにこそ、四季のリズムを思考の力によって捕捉してゆくことが、大変大切なことになるのである。なぜなら四季は、単に外面的な出来事ではなく、人間は内面的に、一年の歩みを体験しているからである。

　熱帯に住んだことのある人間は、私達のように北国に生活する人間が一般的に観念的思索的に生活する傾向があって、表面的に生きることが少ないことに気づいて、不思議に思うであろう。これは単に温度の問題ではない。人間の魂は、自然が春夏秋冬に反応するのを共に体験すると、四季の無い所とは違った呼吸の仕方をする。それゆえに私達は、四季の原因となる地球空間と太陽空間のあの相互作用に、もっと近づいてみようと思う。

　私達は地球空間が、地球のもつ特質によって特徴づけられ、太陽空間が、太陽のもつ特質によって特

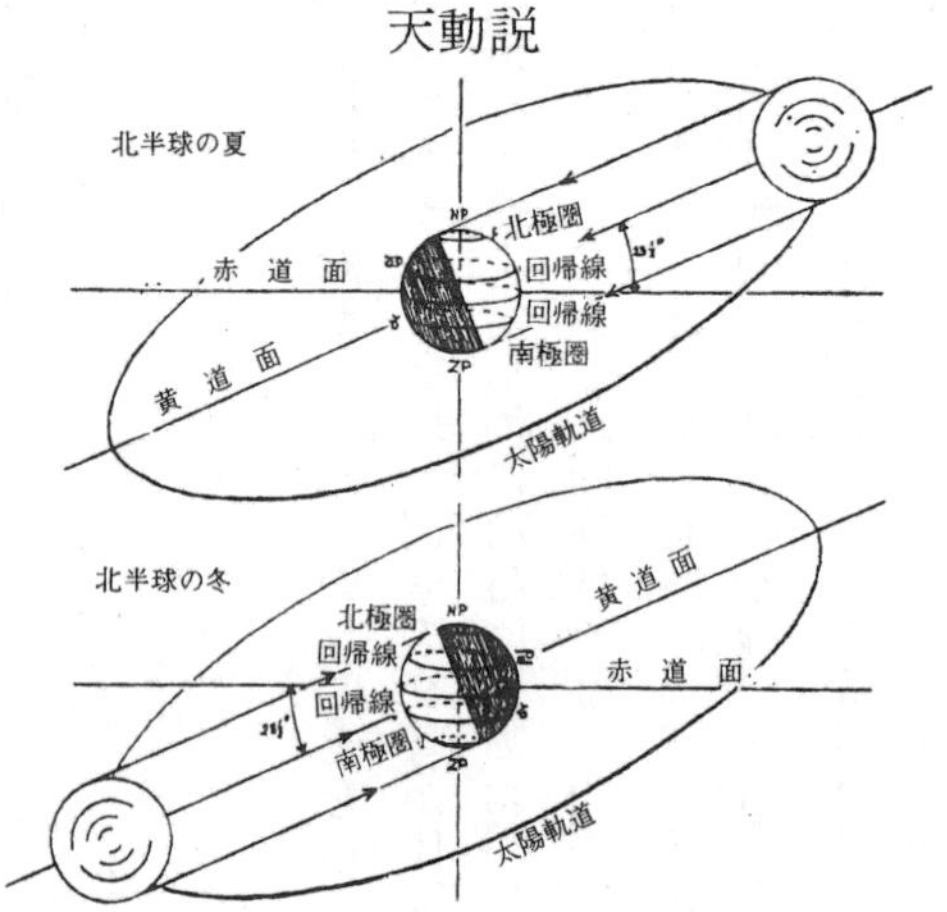

二十二図

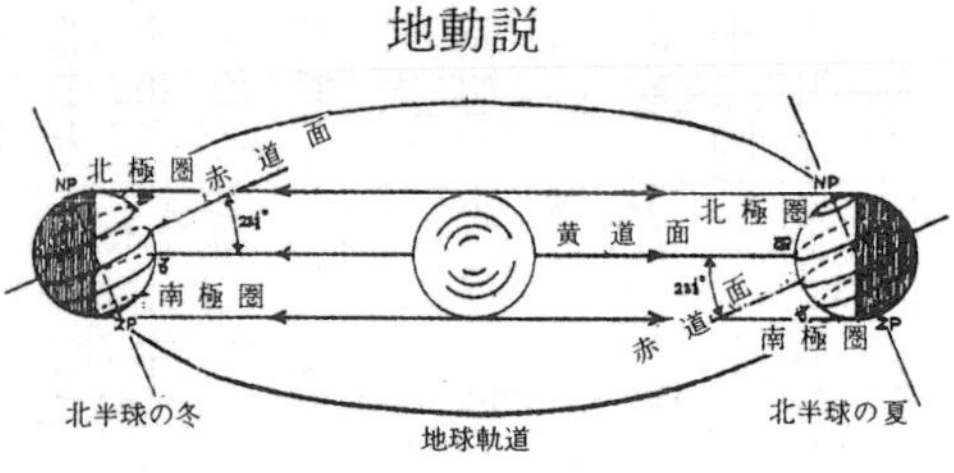

二十三図

徴づけられいることを述べてきた。私達が特質という言葉を用いたのは、あるものまたはある存在にとって何が典型的であり、何がそれに特性を与えているかということを、指摘するためである。人間と動物に共通する特徴を数え上げればきりがない。しかし人間は、動物が自分の生活と生命維持のために自然から手に入れるものを、思索によって見い出し、完全なものに作り直すことができる。人間はまた、自分の両手、すなわち動物でいう前足を、エゴイズムのためでなく、人類に役立つ行為のために自由に使うことができる。これが典型的に「人間的」なことであって、それは人間のもつ特質に属する。

私達の天文学は主として量的である。すなわち、太陽の半径は地球の半径の百九と二分の一倍、太陽の質量は地球の質量の三十三万二千倍、太陽から地球までの距離は地球の半径の二万三千四百倍、太陽の密度は、地球の密度の四分の一等々を問題とする。以上のすべては重要な数値である。しかしその数値は、太陽の特質についてわずかなことしか語ってくれず、ただ太陽が、地球より大きいか「軽い」かといったことを語るにすぎない。

一般の人にとって、太陽と地球との最も本質的違いは、太陽は光を放ち、地球は放たないということである。このことは質的な相違である。太陽が光を発するということは、太陽のもつ特質に属し、地球が暗いということは、地球のもつ特質に属する。

したがって皆さんが太陽を一つの燃えているガス球だと言ったり、あるいは——今日よくいわれるように——宇宙の原子炉と言ったりするとするなら、それは地球を基準にして考えた比喩にすぎず、学問が進歩して別の分野が解明された時、再び他のものによって置き換えられてしまうようなものの言い方にすぎない。こうした相対的な言い回しは、特に太陽のもつ質に属しているもの、すなわち、地球上では太陽なくしては生命はありえないと言う事実に対するいかなる説明も、私達に与えてくれるものではない。

しかし私達は、太陽を宇宙における生命の根源とみなすならば、空に光る太陽について考えるのみではすまされない。私達が前にいくつかの章の中で述べてきたような、あの総合的太陽空間のすべてが、光と生命の力の荷ない手なのである。そのように見てくると、地球全体は常に太陽空間によって取り囲まれており、それはちょうど人間が常に地球空間によって取り囲まれているのと、同じである。そしてちょうど、人間が誕生の瞬間から最後の息をひきとるまで、地球の大気を吸い込んだり吐き出したりしているように、地球は太陽空間を吸い込んだり吐き出したりしている。一年の歩みは、光と生命を送ってくれる太陽のもつ特性を呼吸しているのである。太陽空間は、地球空間に属している空気と同じように透明である。太陽が空を、毎日場所を変えながら歩んでいくのは、たしかに目に見えるが、それだけでは、地球の呼吸がどのように行なわれているかを示している単なるヒントにすぎない。私達はこのヒントから地球の呼吸している太陽空間を、さらに一層深く理解し、地球の行なっている呼吸の意味を具体的に理解にすることができる。このような考え方は現代の私達には馴染みが薄いであろうが、皆さんはこの考え方を一つの新しい観点としてとらえてよい。この考え方はこれまでにあった古い考え方とならんで、単なる知的な説明のみならず、内的に満足のいく説明を四季に関して行なうことができる。後で見るように、この説明はまた、学問的にも満足できるものなのである。

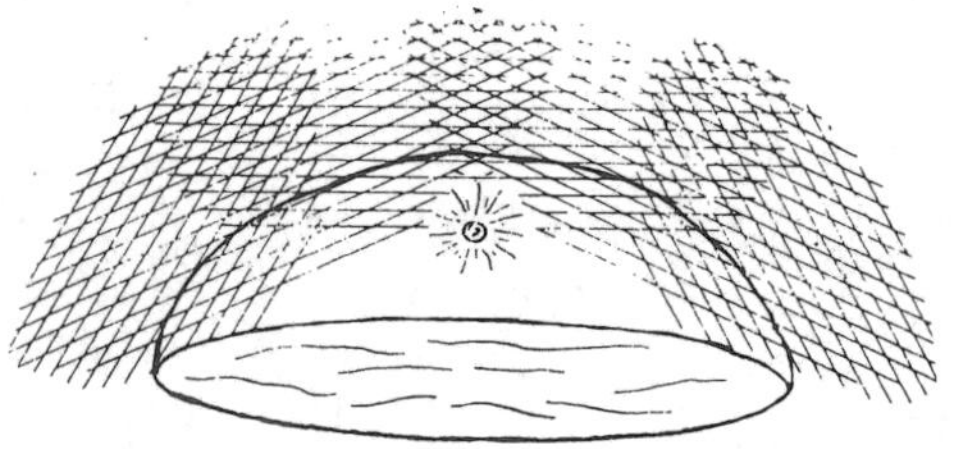

二十四図

　私達は一度、クリスマスの頃に太陽が空低く昇る時、一体私達がどんな状況にあるのかを考えてみよう。私達はアムステルダムにおける地平線と、天の赤道の位置（すなわち地球空間の位置）と、地平線上の太陽の日周円弧を描いてみる（二十四図）。

太陽が低く位置していると言うことは、太陽空間が地球空間の内に深く入り込んでいるということを、私達に示している。すなわち地球は太陽空間を吸い込んでいるのである。これが地球の冬体験である。太陽のもっている特質が地球をひたすのである。あたかも死んだように見えている地球表面の下に、生命と光が力強く活動している。種子は発芽力をふくらませており、まもなくやってくる春と夏の生命が、地球の暗い深みで準備されている。実際、闇の中に深く入り込んでくる太陽空間の特質によって、暗い地球の内部に目覚めが生じ、それがいかに広がっていくかを、皆さんは想像できるに違いない。そして一体何を人間は冬の間に体験するのであろうか？人間もまた「家の中」にとどまっているのであるが、しかし彼は夏よりもはるかに大きな精神的な活動に従事する。彼は夏よりもずっと集中できるのである。クリスマスツリーは閉じられた空間の中におかれるべきであって、決して駅前広場とか、そびえたつ高層デパートの屋根の上におかれるべきものではないと私達が感じているとするなら、そのことは、私達が四季を健康的に体験していることを示すのである。クリスマスというのは、地球が太陽のもつ特質を最も深く吸い込み、最も強く太陽のもつ質にひたされている時なのである。

以上のことはもちろん北半球にだけ通用する現象なのである。地球と太陽空間は総合的なものであり、北半球で太陽の質が吸い込まれる時には、南半球では、吐き出されている。一度南半球でクリスマスを経験したことのある人は、クリスマスを祝う私達の伝統的なやり方が、南半球では地球上の出来事と合致していないことを感ずる。南半球では、クリスマスを完全になくしてしまうか、またはこれを宇宙の活動と矛盾しない形に改めなくてはならない。

太陽が冬至点に達した後、地球は太陽のもつ特質をゆっくりと吐き出し始める。地球内に太陽空間がもっていた生命と光の活動とが解き放たれ始める。いちはやく準備をととのえたものから順々に、外に向かって身を開いていく。ゆきわり草、ひな菊、ふき、たんぽぽ等が道端に咲き始める。

次に太陽が春分点にやってくる。この点は太陽軌道が地球のもつ天の赤道と触れ会う点である（二十五図）。

地球空間と太陽空間は、この時に均衡を保つ。太陽空間は地球の内部に入り込まずに、地球空間を取り囲む。その時人間は、地球空間と太陽空間の間で

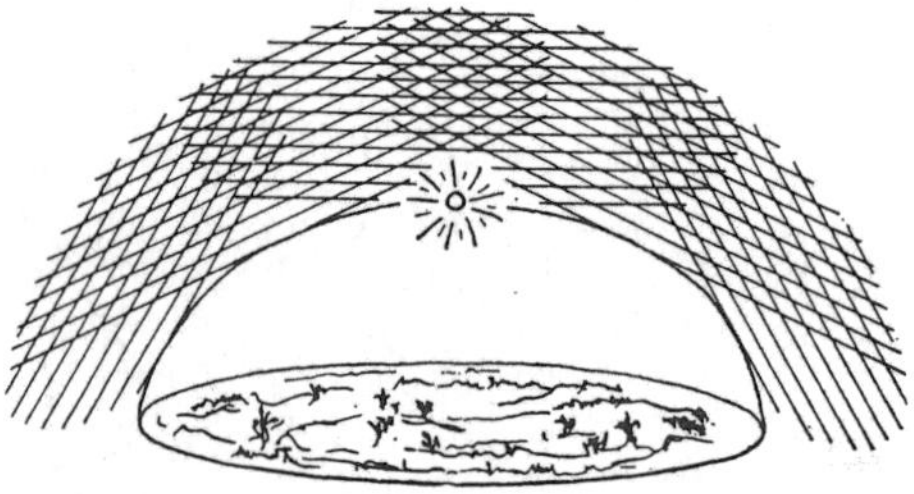

二十五図

生じているものを、特によく体験することができる。なぜなら太陽が春分点に位置するおかげで、地球が直接に太陽空間と触れ会うことができるだけでなく、太陽が天の赤道の円弧にそって動くので、非常に正確に東から昇り、非常に正確に西へ沈むからである。

このようにして、人間は春の初めに、地球空間に向けられている人間空間の門を通して、春分点から地球空間に流れ込む太陽の活動力を体験するのである。

それから後、日照時間の一番長い夏至に至るまでの間、太陽空間は地球によって次第に吐き出されるのである。山山の上に聖ヨハネの祝日の山火が点火されるのは、地球が体験するものの象徴である。すなわち地球は太陽の後を追って、その炎を地球表面から外側へと放射するのである。聖ヨハネの祝日の山火を部屋の中の暖炉で燃やしても全く意味のないことは、ちょうどクリスマスツリーを屋根の上におくことが全く意味のないのと同じである。人間は吸気する時、地球のもつ特質をいくぶんか自分の中に取り入れ、また呼気する時には、地球空間に向かって自分の方からそのいくぶんか吐き戻すのであるが、

それと同じように、地球は、冬の間吸い込んだ太陽空間によって蓄えられた太陽の生命と暖かさを、夏になって吐き出すのである（二十六図）。

この図は、夏には、太陽空間と地球空間の間に少し隙間があることを示している。この隙間の中へ地球は太陽の生命と暖かさを吐き出し、またこの隙間の中に花粉の雲が広がり、ほたるが飛び交い、植物

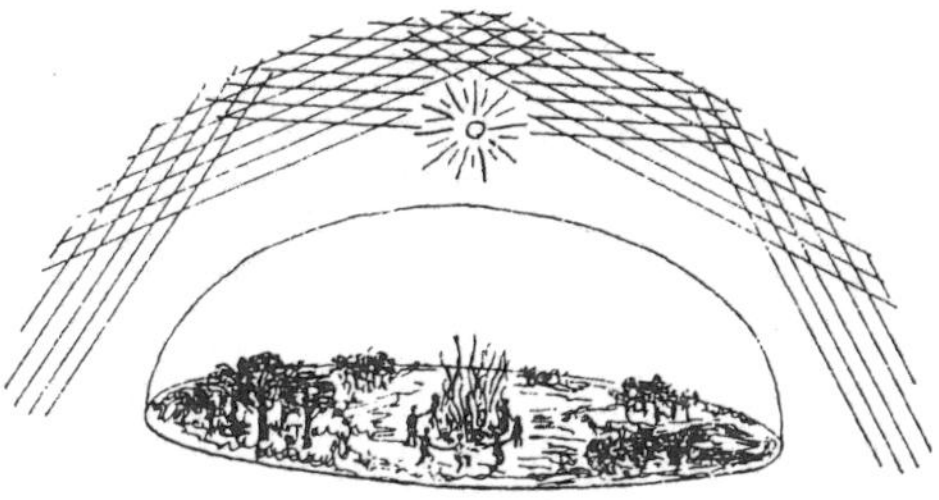

二十六図

が伸びていき、これらの一切が太陽空間によって吸い上げられていくのである。人間もまた周囲の世界に没頭し、太陽を求めるが、真冬にしたような集中した思索とは、縁が遠くなっている。

夏が頂点に達すると、地球は最後のものを宇宙に引き渡してしまい、瞬間息を止める。それから地球はゆっくりと、太陽空間を再び吸入し始める。日が次第に短くなると、太陽に向かってつき進んでいたものが、再び地球に戻り始める。地球はこれまで外に向けていた熱気と暖かさを、なお十分に保持し続けている。この熱気と暖かさは、金色の梨、赤いりんご、燃えるようなダリヤ、輝くひまわりに、とてもよく現われている。種子は大地に落ちる。そして、太陽空間が再び地球をひたす冬に、完全に発芽力を展開することができるように、じっと時を待たなくてはならない。

地球と共に夏の興奮に心を奪われていた人間は、太陽の描く軌道がだんだんと低くなっていき、秋分の日に再び天の赤道と一致し、太陽空間と地球空間の均衡が生み出されるのを体験しながら、次第に内

省的になっていく（二十七図）。

私達は、カレンダーに九月二十九日が聖ミカエルの日と定められているのをみる。現在では、この秋の始まりの日は祝日とみなされることがほとんどない。イギリスの学校では今なおミクルマス（ミカエル祭）という言葉が使われており、秋のひな菊のことを英語ではミクルマス・デイジーと呼んでいる。

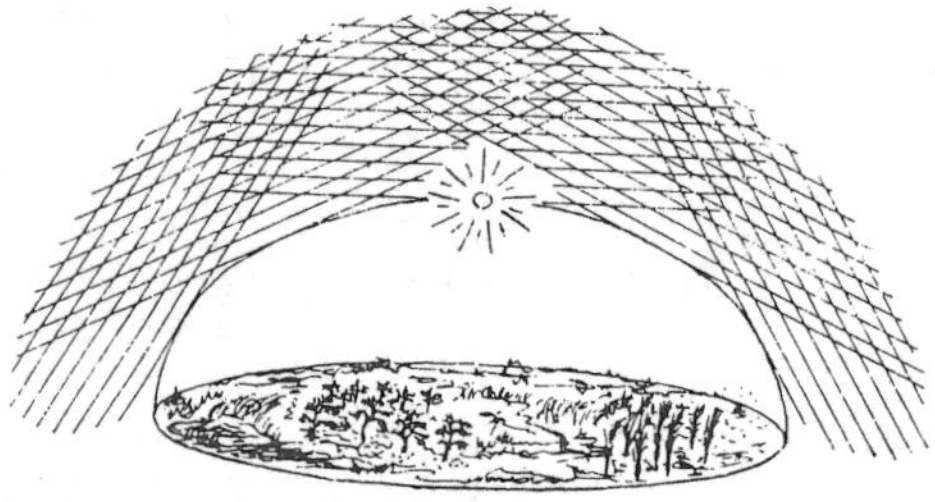

二十七図

昔はこの日を収穫の祭として祝ったものである。

私達の思考力が四季の変化に関して見つけ出した知的説明法は、もちろん正しいには違いない。しかし地球の行なっている宇宙的な光の呼吸を体験することは、私達から失われてしまった。人類がまだ地球と宇宙とに深く結びついていた時代には、春の初め、真夏、秋の初め、真冬は、一年の歩みの頂点として祝われていたのである。エジプトでは、太陽がさそり座にやってくると（その時代は、さそり座に秋分点が位置していた）、イシス祭が祝われた。ギリシャではアドニス祭が秋に、後には春に祝われ、ローマのサトゥルヌス祭は真冬に祝われた。ケルト人の間では夏至は特別に大きな役割を演じた。ストーンヘンジのような神聖な場所では、夏至がくると日の出の太陽の光が、岩間を通して聖なる場所にさし込んだのである。

四季の変化を、暗い地球の行なう宇宙的光の呼吸として共に体験することに成功した人ならば、一年の四つの最高点（昼と夜が同じ長さの日と夏至点および冬至点）がなぜキリスト教の祝日と一致するのかもまた、理解するであろう。なぜなら聖ヨハネ祭も聖ミカエル祭も共にキリスト教の祝日であるからである。

どんな人間も一年の経過を、地球の行なう呼吸過程として体験すべく試みることができる。人間は地球上に生活しており、人間自らが一年の経過に関与しているからである。

多分いくらかの読者は、この考え方を非科学的だとみなすであろう。しかしこの考え方が数学的に見て正しいということを、私達は簡単な例を引いて示そうと思う。

私達はそのために、数学の中のある領域を必要とするのであるが、この数学領域は、最近の一五〇年間に次第に発達した。しかし実際面では、まだわずかしか役立てられていない。それは投影幾何学ないしは統合幾何学と呼ばれるものである。統合幾何学という名称はすでにこの学問が座標を用いて計算する解析幾何学と、厳密に対立するものであることを示している。統合幾何学は、何よりもまず想像力を必要とし、それゆえにまた特別な数学的知識がなくても、誰にも理解されうるものである。

私達は一つの球を想定する。球の定義は、球表面のどの点も、球の中心点から同じだけ離れているということである。この距離が半径である。私達は球の表面や内部にあるすべての点を、三つの互いに垂直に交差する直径を用いて解析的に規定することができるのは、誰にでも簡単に理解できる。また球の半径が大きくなるにしたがって、球の容積も大きくなるということも理解できる。半径が無限に大きくなれば、球も無限に大きくなる。そうして球は、いわば世界の外側に消えてしまう。半径がどんどん小さくなると、球は再び中心の一点に戻ってしまう。

私達がそのようにして描かれた球を想定すると、そこに一つの球とその球に属さないまわりの空間とが生じる。中心点から無数の半径によって——放射線状に——作られた球をプラスの球と呼び、＋の記号で表わす。しかしまた私達は球の成立を、これとは全く別の考え方で構成することができる。すなわち宇宙のはてのすべての方向から無数の平面がある一点に向かって等速で移動してくると考えるのである。この一点は宇宙のはてを起点としてみれば、もちろん無限の遠方にあるものである。これらの平面が取り囲む外側の部分は球形である。これはマイナスの球というべきであるもので、－という記号で表わす。この球が無限に大きくなると、この球は球を形づくる平面のすべてが最終的に到達点としているあの無限に遠い一点に達し、この点で球は球であることをやめる。反対に平面が再び宇宙のはてにまで戻ってくると、球はだんだん小さくなる。

　このような球を想像すると、全世界空間はこの球の中に含み込まれ、球のプラス部分である内部は「空白」である。この球は解析的に確定されない。なぜならばこの球の出発点が宇宙のはてであるからであ

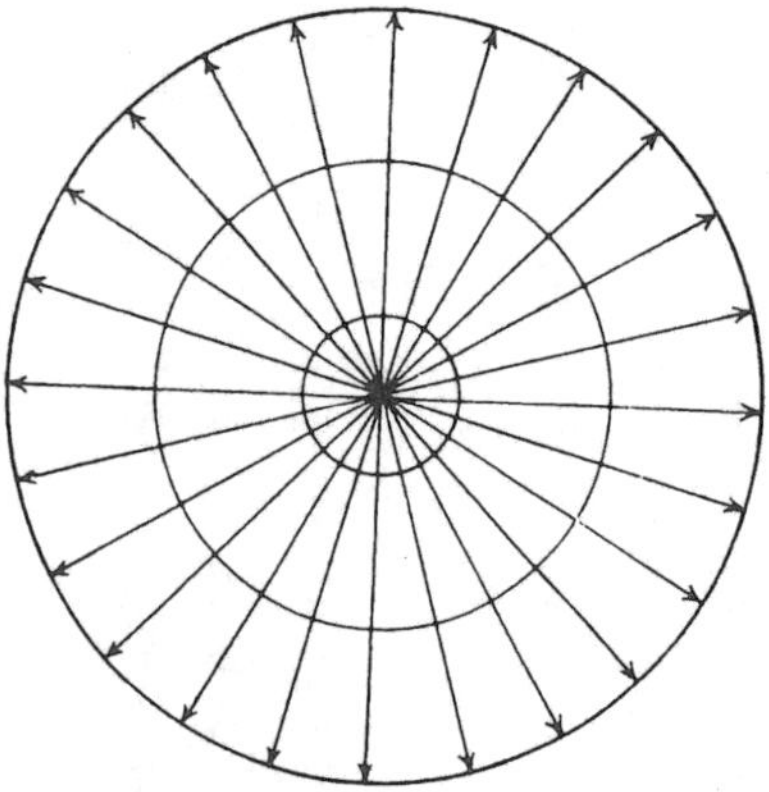

二十八図a

二十八図b

る。この宇宙のはてのことを、統合幾何学では無限に離れた平面と呼んでいる（二十八図）。

　たとえ数学のことはわからなくても、誰でも以上行なったような考察ならばなしうるのである。しばしこうした思索を繰り返すことによって、このプラスおよびマイナスの球が――またはプラトンが言ったように内部から作る球と外部から作る球が――その本質からいって、つまり「質」的にいって、全く違ったものであるということを、発見するであろう。もし皆さんがこうした訓練によって体験したものを、量的ではなく、質的に理解しようと努めたならば闇と光、求心と遠心、圧力と吸引力、そして最終的には死と生の対立の意味を理解するに至るのである。

　こうして私達は、今や四季に関する四つの図（二十四～二十七図）をさらによく理解するようになるであろう。これらの図にあって、地球はプラスの質量をもつ球であり、太陽空間の運動、すなわち近づきまた去って行く運動は、マイナスの球という考え方によってのみ理解できるのであって、このマイナスの球の形成力は無限の宇宙のはてから作用してくるものと考えられるのである。

　解析幾何学は、壮大ではあるが、死のテクニックを発展させた。しかし生きた自然の領域では、私達は統合幾何学を必要とする。この統合幾何学は、地球空間と太陽空間の相互作用――植物が芽を出したり成長したり実ったりするのも、この両空間の共同作用による――を理解するのに助けとなる。このような考え方が初めて学問的にまとめられたのは、ジョージ・アダムスとオリーブ・ヴィッチャーの作品『太陽と地球の間の植物』（一九五二年）と『空間と反空間の中の植物』（一九六〇年、一九七九年）の中においてであった。

第六章　ダンスをする十二獣帯

太陽は宇宙を動かす
太陽は星々を踊らす
あなたは自身の心を動かさない限り
宇宙の仲間に加われない

アンゲルス・シレジウス

空にはもう一つ誰にでも追跡できる運動がある。この運動は普通にはあまり注目されていない。この運動は毎日行なわれているが、前の章で述べられているように、十二獣帯空間によって地球および地球空間が取り囲まれているのだということを、私達が本当に体験することができた時に、初めて意味をもつのである。

私達は再び、二十四時間で自分の回転軸を回わっている地球の、宇宙の中での役割を思い浮かべてみよう。地球の軸回転によって、すべての星は日周運動を行なう。北の空に目をやってみると、(じっと)動かない北極星のまわりをりゅう座が日周運動をしているのが見える。私達は、りゅう座の首の曲がりめのところに黄道極があるのを知っている。黄道極はしたがって、二十四時間で北極星のまわりに半径二十三度二分の一の円を描くのである。黄道極は、南点から天頂と北極星を通り北点に至る私達の子午線を、二回通り過ぎる。北極星から見て黄道極は、初めに二十三度二分の一天頂よりに位置し、次に(十二時間後)二十三度二分の一、北極星より北の地平線よりに位置する。黄道極と、北極星との間の高度差、ならびに私達の北の地平線との間の距離はたえず変化するので、したがって南の地平線と黄道との間の距離も、たえず変化しなければならない。黄道極が北の地平線上低く位置すると、南の方角では、黄道は地平線上高く位置しなければならない。黄道極が北の地平線上最も高く位置すると(すなわち北極星の高さより二十三度二分の一高いところに来た時）黄道は南の天では、天の赤道より二十三度二分の一低く位置しなければならない。十二獣帯のすべての星座の位置は、地平線から見て、この最高点と最低点の間に存在する（二十九、三十図）。以上のことは理論上たやすく理解できる。しかし地球のまわりの十二獣帯のこの運動を、自分自身の観察によって発見することは、さらに魅力的である。そのための前提として必要なのは、十二獣帯の星座を知り、そしていかにそれらの星座が次々と動いていくかを、知っていることである。もちろんそのためには、まず夜空に光るたくさんの星座を見分けることができなくてはならない。そのためには、まる一年を必要とする。なぜなら冬空には、夏空とは違った星座が見えるからである。そしてたとえば、おうし座の次

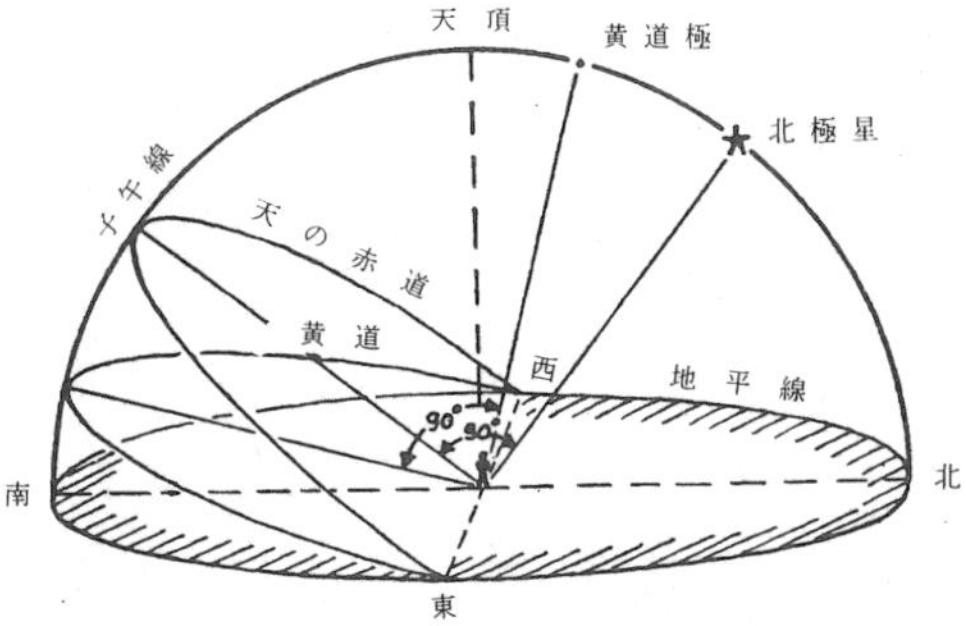

二十九図

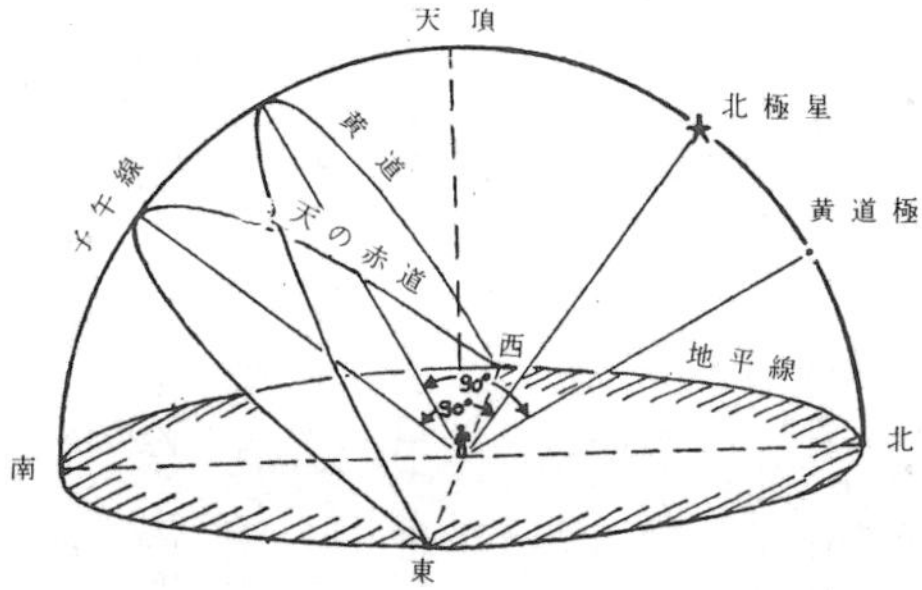

三十図

にふたご座が続き、おとめ座の次にてんびん座とさそり座が続くということを学んでいく。こうしたすべてのことを、観察を通して学びとった後に、今度はそれらをまた、しっかりと頭の中に思い浮かべることができるように試みるのである。このように、空の動きをよく考えながら追ってみようと志すすべての人に役立つ訓練法を、次に一つ披露してみよう。

たとえば五月二十日の朝十時頃、空を見上げてみるとする。太陽はすでにかなり高く昇っているが、最も高いところに着くまでにはまだ二時間ある。皆さんはすでに知識として――あるいは星座早見盤で調べてみて――この日太陽がおうし座にあるということを知っている。もちろんここで用いるものは、本当の星座であって、天文暦表に記してあるような、すでに現実とは一致しなくなっているものを使用してはならない。また、ある星座は他の星座より長く伸びているということを、思い出してみることも大切である。たとえばおとめ座とうお座は、かに座とてんびん座よりも大きな場所を示している。さてここから次のように考えていく。おうし座にいる太陽は、これから二時間後に南中するから、今はちょうど、おひつじ座が、子午線を通過しているはずである。おひつじ座よりも早くに南中した星座は、地平線より上の南と西の間にいる。すなわちうお座と、みずがめ座である。一方東の地平線上にはふたご座と、かに座が昇ってくる。

以上のことを明確に知るには、場合によっては星座早見盤の助けをかりてもよい。しかしその際には、目を閉じて、太陽光線のために見えないが、現に空に出ているはずの十二獣帯の星座の現在の位置を、思い浮かべるようにするのである。この訓練を、できれば十四時と十六時にまた繰り返すとよい。この訓練を長い期間続けているうちに、太陽が十二獣帯にそって進んでいき、星座がひとりでに変化していくのがわかる。

そうした訓練を行なうには、強い忍耐が必要であり、星空と親しくなりたいという熱烈な望みがなければ、この訓練にたえられないであろう。しかし十二獣帯の星座が天のどこに位置するかを、毎日想像

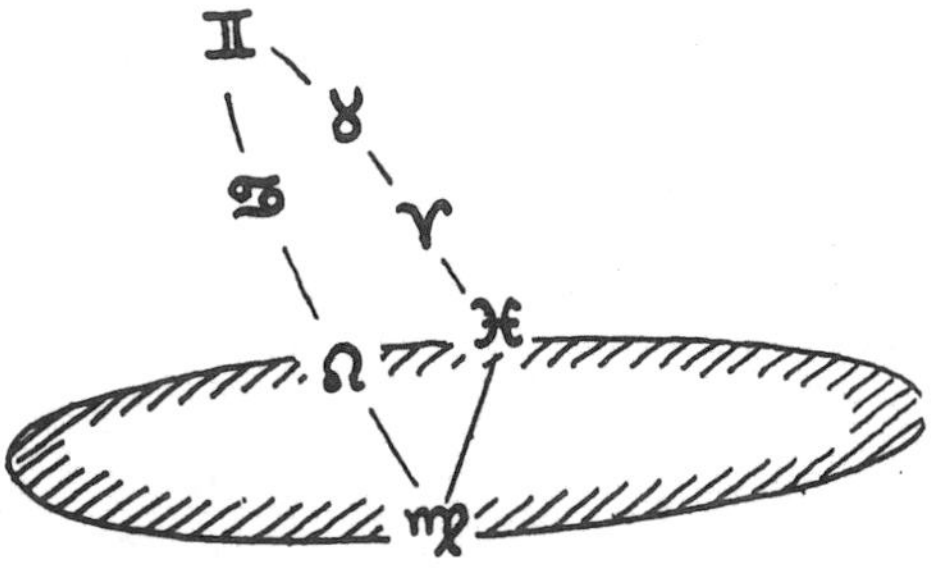

三十一図

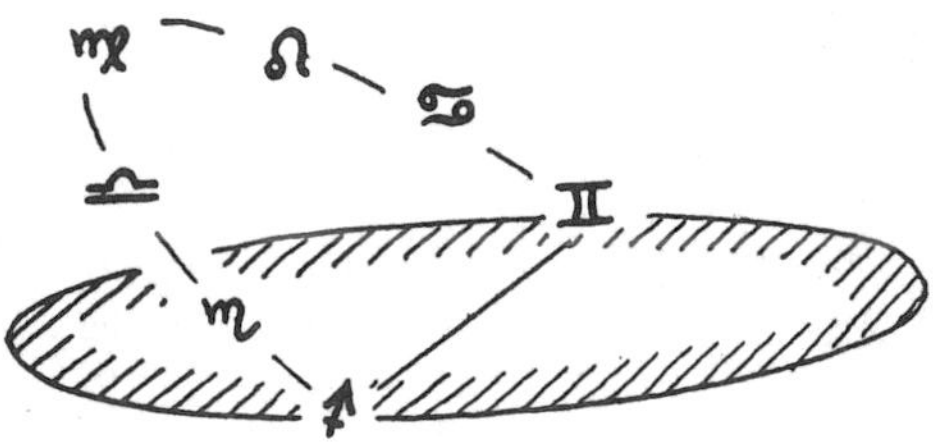

三十二図

し続けるだけの強い興味をもつことのできる人は、自分が人間として地球とともに十二獣帯空間にどのように取り囲まれているかを体験するところまで、到達できるであろう。そうなればまた、この章の初めに理論的に述べられた黄道空間の動きをも、実感として体験できるようになるのである。

　さて次に太陽が、一年のうちで昼間の最も長い日に――すなわち太陽が、ふたご座にいる時である――地平線から昇ってくる様子を想像してみよう。その時太陽は北東から昇ってくるということは、すでに見てきた。日の出の際に南中する星座はうお座であり、西の空では、いて座が沈む。いて座は十二獣帯のうちで、最も南の赤緯にあるからである。したがっていて座は、きわめて南西よりに沈んでいく。それから二時間後、すなわちふたご座にある太陽がすでに地平線よりかなり高い位置に達する頃、かに座が昇ってくるが、その場所は日の出の場所より少しだけ東によっている。というのは、かに座の北の赤緯はふたご座よりも小さいからである。西の空ではやぎ座が沈むが、その位置は、いて座の沈んだところよりいくぶん西よりである。さらに二時間後、しし座が昇り、みずがめ座が沈む。私達は十二獣帯の昇り沈みする点が、地平線上を移動していくのを知ったのである。ふたご座が南中する時、おとめ座が昇り、うお座が沈む。この二つの星座は天の赤道上にあるので、ちょうど真東から昇り、真西に沈む。

　しかしこうしているうちに、十二獣帯の南中高度もまた、変化してしまっている。日の出の時子午線上を通過するのは、うお座であった。うお座の南中高度は、天の赤道と同じ高さである。二時間後、おひつじ座が南中し、さらに二時間後に、おうし座が南中する。すなわち、十二獣帯が地平線上にそって位置を変えていく際、十二獣帯は子午線上を少しずつ高く昇っていく。ふたご座にある太陽が南中する時、十二獣帯のもつことができる最も急な角度が生まれるのである（三十一図）。

ふたご座にある太陽は再び傾き始め、西に下がっていく。それにつれて、十二獣帯の沈む点は少しずつ北西に移動していく。そしてふたご座自身が沈む。その間に、おとめ座に続いて、南の赤緯にある星座が東の方から昇るが、東といっても南よりの方角からである。ふたご座が沈むと、いて座が昇るが、これは十二獣帯星座で最も小さな弧を描く星座である。天の赤道にあるおとめ座が、その時南中する（三十二図）。

ふたご座にある太陽は地平線の下に入っていく。西の空では、かに座としし座が沈み、真夜中にはおとめ座が沈む。西の地平線と十二獣帯との交わる点は、再び西点に向かって移動する。東の空では十二獣帯は、うお座に戻っていき、真夜中に、いて座が南中する（三十三図）。

この位置は、十二獣帯のとることのできる最も低い位置である。反対に最も高い位置は、すでに観察したように、ふたご座が南中した時である。真夜中から日の出までの間に、南中点は、いて座から、うお座まで昇り、十二獣帯の弧は、北東と南西とに向けて移動する（三十四図）。

これらの図からわかることは、十二獣帯が最も急な角度に位置するのは、夏では真昼、秋では日の出、冬では真夜中、そして太陽がうお座にある春は日の入りの際であるということであり、十二獣帯の位置が最も低いのは、夏では真夜中、秋では日没時、冬では正午、春では日の出の頃であるということである。

一日のある時点に、十二獣帯空間が地球空間から見てどんな関係に位置するかということは、練習さえすればすぐ思い浮かべられるようになるものである。南の空に見られる下降と上昇、最も北東よりの位置から最も北西よりの位置への移動等々を、私達は一緒に体験できるようになるのである。その時には、私達が先に宇宙的光の空間と名づけた十二獣帯空間、すなわち太陽がそこから生命力を私達に送り届けてくれるあの空間が、地球空間の回りをダンスしているという事実もまた、本当に実感されるのである！　見たところ全く機械的に動いているように思われる地球空間の二十四時間の運動は、十二獣帯のダンスによって、生命を吹き込まれるのである。そして黄道にそって移動する太陽運動のために、この十二獣帯のダンスをするような運行は毎日少しずつ変化していき、一年後の同じ日に、はじめて同じ位置に再び戻ってくるのである。もちろんここに書いた習練をやり通そうとする時には、星空と星座を覚えるだけでも大変な仕事であることは、いうまでもない。しかしそれをやりとおしたならば、リズムをもった宇宙の出来事の中に、本当に入り込んでいくことができるようになるのである。そして太陽空間が全く地球空間とは別の『特徴』をもっていることもまた、理解するようになるだろう。毎日規則正しく機械のように反復する地球の生硬な動きに対して、複雑きわまる変奏曲を奏でながら運動する十二獣帯の柔軟な動きを対置するのは、光と重力との対立を体験するのによく似ている。まさに現代的な意味で新しい、このような宇宙空間体験は、私達に私達の内面的欲求を満足させながら、しかも完全に天

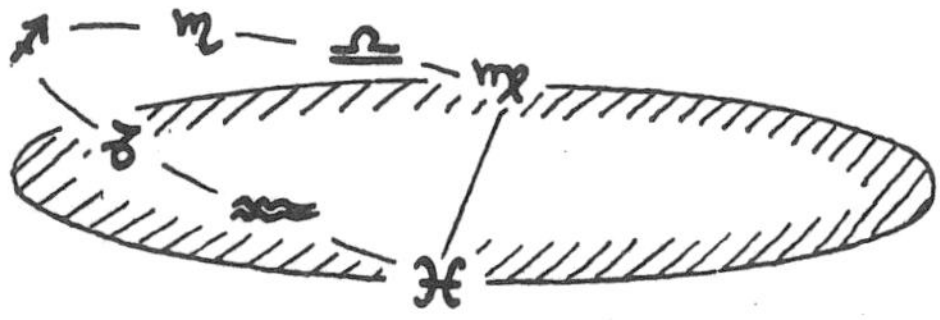

三十三図

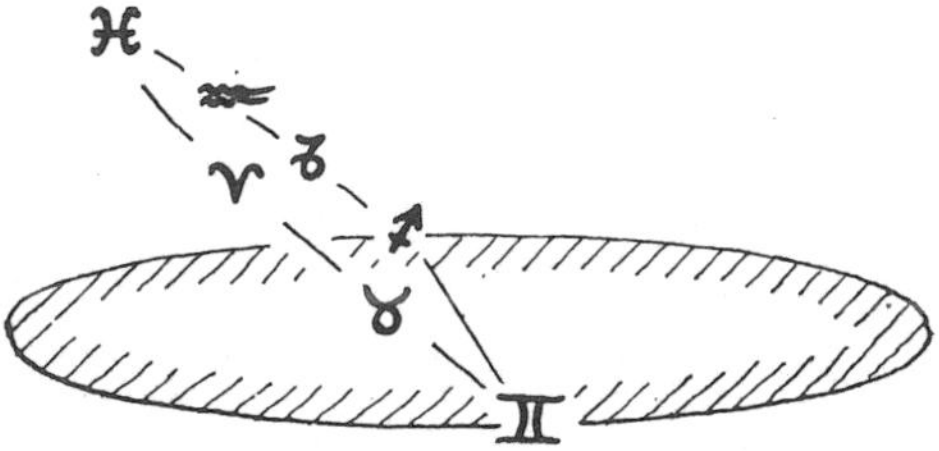

三十四図

文学的事実の観察に基礎をおく宇宙研究の可能性を、与えてくれるのである。

第七章　ヨハネス・ケプラーの法則

　十二獣帯が二十四時間に行なうダンス状の動きは、太陽の最高点が私達の子午線を通過するのをずっと追跡していくことによって、一年を通して観察できる。三十一図は、夏に太陽が正午の一番高い点に達した時の十二獣帯の位置を示している。三十三図は、すなわち真冬の十二獣帯の正午の位置である。普通十二獣帯はちょうど昼の十二時には、やや北東の方向か、やや北西の方向にずれている。このことから、太陽は多くの場合、正確に子午線を南中するのではなく、しばしば東より、もしくは西よりで南中する。正確に太陽が子午線に位置するのは真夏と真冬と、もちろん太陽軌道が天の赤道と一致するわずかの日、つまり春分の日と秋分の日である。なぜなら、これらの日には天の赤道が正確に子午線に南中するからである。

　これは太陽軌道がもっている多くの不規則性の一つであって、私達の時計はこれを無視しなくてはならない。私達の時計は、黄道上ではなく、天の赤道上を常に正確に動く架空の太陽によって作られている。そのことから、私達の時計は、ほとんど常に太陽より先に進んでいるか、もしくは遅れているかしているということがわかるであろう。

　十一月には、私達はもうこんなに早く暗くなったと言うし、一方一月二月では、朝はまだ長い間暗いのに、日がもうかなり長くなったと感ずる。十一月には時計は太陽より遅れているのであり、それに反し一月二月では、太陽より先に進んでいるのである。時計時と太陽時のずれは十五分以上にも達する。これは時差と呼ばれている。夏ではこのずれは少ないのであるが、このことは後で、いわゆるケプラーの第二法則によって明らかにされるであろう。

　それほどの数学的説明がなくても、一年には、私達の時計が太陽と一緒になる四つの時点があることが、私達には理解できる。そのうちの二つは、十二獣帯が最も高い位置か最も低い位置にある時で、すなわちその時、太陽はふたご座か、いて座に位置する。その際太陽が南中する時、十二獣帯の昇ってくる点と沈む点は、東点および西点である。一年のもう二つの別の時点は、太陽の日周円弧が、天の赤道と一致する時である。春のこの時点が春分の日より遅れるということは、太陽の不規則な動きと関連しており、このことはヨハネス・ケプラーによって、初めて正確に説明されたのである。

ギリシャで人々が惑星軌道を記録しようと試み始めた時、彼等は惑星軌道が円でなければならないという考えに固執した。というのは、あらゆる点が中心点から同じ距離にある円は、調和のとれた神聖な曲線であったからである。惑星に住む神々は、円軌道以外の動きをするはずがないと、人々は信じていた。しかしすでにプトレマイオスは、惑星軌道が不規則性をもっているという観測結果を説明する必要に迫られて、この神聖な円に様々な補助円をつけ加えざるをえなかった。

コペルニクスもまた惑星軌道が円であることに固執していたが、しかし彼の世界観は、中心点が太陽である同心円によって成り立つ体系ではなかった。彼はほとんどすべての惑星に、太陽以外の中心点を与えた。なぜならそうしなければ、当時認められていた天文学的諸事実に矛盾せざるをえなくなるに違いなかったからである。

コペルニクスの書いた『天体の回転について』という本は、天文学上の考え方の全面的転回を示した。人々はこれまで、地球は静止しており、宇宙の不動の中心点であると信じていた。今や突然人々は、太陽が中心点に位置し、他の惑星と同じように、地球は一年の間に自分で太陽の回りに軌道を描き、しかもその上二十四時間で自分の軸を回転すると考えなければならなくなった。

コペルニクスは一四七三年から一五四三年まで生きた。彼は東プロイセンのフラウエンブルグの教会の参事会員であった。彼は物静かで信心深い男であって、専門の天文学者ではなかった。私達の太陽系を太陽中心に描くということが理念として彼の中に突然浮かび上がったのは、学生としてイタリアを旅行していた時であった。しかしこの考えを著作にまとめたのは、死ぬ少し前のことであった。彼は、この本を書くことが神に満足してもらえる仕事であると確信していたので、この本を教皇に捧げた。

　彼は献呈の言葉の中で、サモスのアリスタルコがすでに紀元前三世紀に、地球は太陽のまわりに軌道を描いていると説いていたことを、引き合いに出している。しかしアリスタルコは、恒星が惑星よりも地球に近いと予測していた。太陽系に関する彼の叙述は、本質的にコペルニクスのそれとは比較できるものではない。

　枢機卿のニコラウス・クザーヌスは、運動論の領域で非常に独特の考えをもったすぐれた数学者であったが、彼は死の直前、日記に次のような疑問を書きしるした。星空の日周運動は、地球自身の自転によるものではないだろうか。そして、これまで人々が信じていたように太陽が地球のまわりを回るのではなく、むしろ、地球が一年かかって太陽のまわりに軌道を描いているのではなかろうか?。

　コペルニクスは彼の著書が、人類の思考上にそれほど大きな転回をもたらすようになるとは思わなかったし、彼の本が何年か後に禁書目録にのせられることになるとも、思ってもみなかった。ルターやメランヒトンもまた、この本を拒否した。この本はひそかに非公式に人から人へと伝えられて、百年後にヨハネス・ケプラーとめぐり会うことになった。ケプラーはテユービンゲンで神学を学んでいたが、しかし天文学に大変興味をもっていた。

　ケプラーはただちに、太陽中心体系説の熱烈な信奉者となった。そのために彼は、ずっと年上の天文学著であるチコ・ブラーエと対立するようになってしまった。ケプラーはブラーエと、プラハで一緒に仕事をしていた。ケプラーは目が弱かったので、自分で観察することはできなかった。彼は、コペルニクス体系が真理であることを実証するために、チコが自分の天文台で集めた貴重な資料を利用した。

　ケプラーは惑星軌道として円を退けて、そのかわりに楕円に置き換えることによって、コペルニクス体系に偉大な寄与をなした。しかしケプラーが惑星軌道が楕円であるということを、計算から導きだしたとか、チコ・ブラーエの行なった観察から導きだしたなどと考えてはいけない。彼が語るところによると、この考えはインスピレーションの如くに与えられ、あたかも稲妻の如く彼の体内を走ったのであった。

ケプラーの第一法則は、次のようなものである。すべての惑星軌道は楕円であり、その楕円の一つの焦点に太陽が位置する（三十五図）。そこから、地球を含めて諸惑星はいつも太陽から同じ距離だけ離れているのではないと、結論される。地球もしくは他の惑星が太陽に一番近いところにある時は、それらは近日点に位置するという。またそれらが太陽から最も遠いところにある時は、それらは遠日点に位置するという。近日点と遠日点は長軸端という。近日点と遠日点を結ぶ線は長軸線である。これはもちろん楕円の長軸である。現在地球の近日点はいて座にあり、遠日点はふたご座にある。この点はまた動くのであって、ゆっくりと十二獣帯のすべての星座を通って移動している。しかし歳差とは反対の方向に動く。すなわち、いて座からやぎ座、ふたご座からかに座へと動く。約十一万年たってやっと、地球軌道の軸は現在と同じ位置に達する。

この宇宙リズムは、あまりに、ゆっくりしすぎていて、一人の人間の一生の間にはそれについて、いくらかのことにすら気づくことができない。しかし私達は、次のような宇宙像を想像しうるのである。地球は十二獣帯空間の内部を非常にゆっくりと、春分点の移動と反対方向に移動する一つの軌道上を動いていく、ということである。歳差の運行は長軸の移動の四倍の早さで進んでいく。そこでは遠大な時

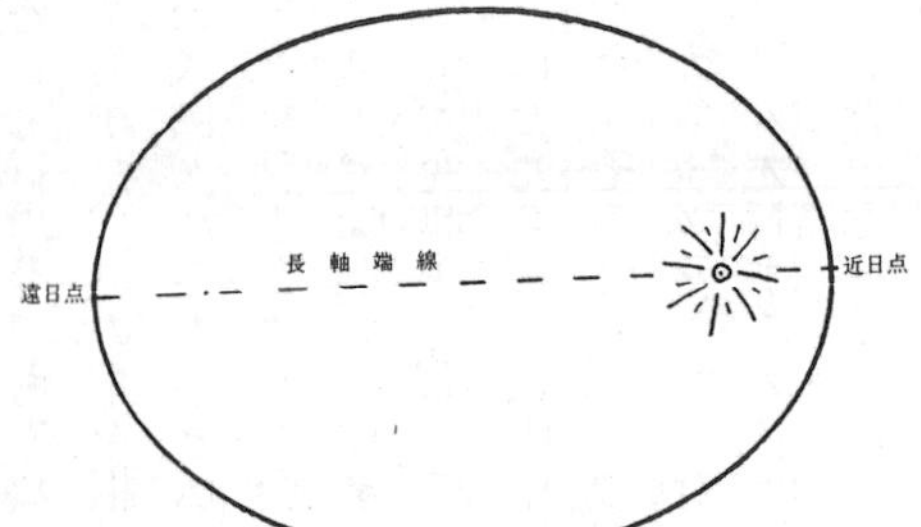

三十五図

代の中に動きが生じているのであって、この動きは、むろん地球の歴史にも属しているのである。大きな地理的変化や氷河期等が、どの程度これらのリズムの相互作用と関連をもっているかを研究することは、興味深いことである。

一般に惑星軌道は、円形とほんのわずかしかずれていない。楕円形になればなるほど、惑星軌道の離心率は大きくなる。離心率というのは、焦点間の距離を長軸の値で割った数値のことである。

ギリシャ人が円を神聖な曲線と名づけたことを考える時、楕円は神聖さを放棄した円であるということができるかもしれない。中心点は、もはや宇宙の中心点ではない。中心点は二つの焦点に分けられる。しかし、円において円周から中心点までの距離が常に同じであるように、楕円においては、それぞれの点から二つの焦点までの距離の合計は一定なのである。この合計はしかも、楕円の軸と同じ大きさである。楕円の円周上の一点と一つの焦点までの距離を私達は動径と名づける。

次に示したのはそれぞれの惑星の軌道離心率である。

水　星	〇・二〇五三
金　星	〇・〇〇六八
地　球	〇・〇一六七
火　星	〇・〇九三四
木　星	〇・〇四八四
土　星	〇・〇五五七
天王星	〇・〇四六三
海王星	〇・〇〇九〇
冥王星	〇・二四八六

私達は諸惑星の描く軌道の形が、それぞれ違うということに気づく。また諸惑星の場合、長軸が移動する。しかしいずれにせよその速度は、数千年を単位としてはかられるべきものである。

もし太陽が長軸の回りを動くと考えることにするなら、もちろんこの太陽軌道に対して、地球軌道と同じ離心率を与えなくてはならないはずである。コペルニクスが宇宙の中心点を地球から太陽に移したということは、太陽が地球のまわりを回っているように私達に見えるという事実を否定するものではない。ただその場合は、太陽軌道の長軸端を近日点、遠日点と呼ぶのである。

ケプラーの第二法則は、太陽から私達に引いた動径は、等しい時間に等しい面積を描くというものである（三十六図）。

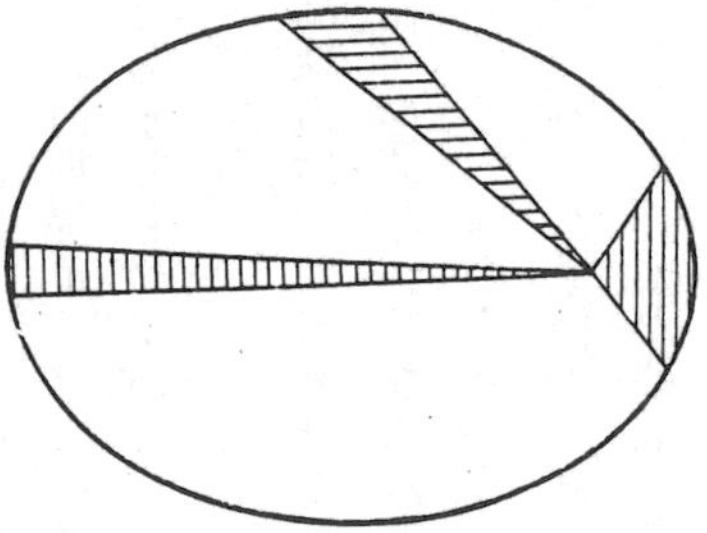

三十六図

この図は、正確に中心を通らないで切り分けたケーキを連想させる。同じ量に切り分ける時には、より長い側稜線をもつ部分は、より短い側稜線をもつものよりも、細長く切りとらなくてはならない。この第二法則は、地球が近日点にいる時は、遠日点にいる時よりも早く動くということを私達に物語っている。現在、近日点はいて座にある。北半球では、太陽はしたがって冬になると夏よりも地球の近くにきて、黄道上を速く運行する。このことが、私達の時計が示してくれない、太陽軌道の不規則性の一つなのである。私達の時計は、天の赤道にそって機械的に規則的に運行する、架空の太陽によって作られている。太陽日は恒星日より平均三分五十六秒多い。太陽自らが西から東へこれだけ進むからである。近日点の近くでは、太陽が西から東へ進む運動のために要する時間は、一日あたりこの三分五十六秒よりも多くなる。したがって太陽は冬には、時計が教えてくれる時間よりも遅く沈む。それが、時差が存在する原因の一つなのである。私達の地方の夏では、太陽の進行は一日あたり三分五十六秒よりも少ないから、その他のすでに説明した様々な理由を含めても、生ずる時差の値はずっと小さくなる。

ほとんどの日時計の上に見られる長く伸ばされた8の字は、時差を目に見える形で示している。以上述べたことから、北半球では最近の数百年において、秋と冬の合計が、春と夏の合計よりも短いこともまた、明らかになるのである。

第一、第二法則の発見の十年後にケプラーが発見した第三法則は次のようなものである。

各惑星の公転周期の二乗は、太陽から各惑星までの平均距離の三乗に比例する。

このことは次のようにいえる。火星の公転周期の二乗を、火星の太陽との平均距離の三乗でわる時、木星の公転周期の二乗を木星と太陽との平均距離の三乗でわって得られる値と同じ値が得られるということである。そして、水星、金星、その他すべての惑星に関しても同じである。この値は、見事な調和が私達の惑星体系にそなわっていることを示している。ケプラーが自分の発見した諸法則を記した著作に「宇宙調和」という名称を与えた理由が、理解できるのである。

天文学が最近の数百年の間に、次第にコペルニクスの抽象的思索法を大切にするようになり、ケプラーの生き生きとした宇宙把握を認識できなくなったということは、まことに驚くべきことである。ケプラーにとっては、空虚な空間というものは存在しなかった。彼は惑星軌道と太陽との間の空間を、その惑星の本質に属する空間と感じとっており、私達の太陽系が、純粋基調によって秩序づけられていると見たのであった。力学的天文学を発展させるという課題をもった時代に生きながら、それに、古代の生き生きとした宇宙的意識のなにがしかをなおも与え続けることが、ケプラーの使命だったように見えるのである。彼が意識的にそうであったということは、天文学を発展させるために自分はエジプト人の神殿祭器を眺めに赴かねばならなかったという、彼の告白から明らかであろう。

第八章　月と月空間

月は私達が最もたやすく観察できる天体である。というのは月は地球に最も近く位置しているからである。地球のまわりを回る月の軌道も同様に楕円である。近日点では月と地球との距離は三十五万七千キロメートル、遠日点では四十万七千キロメートルである。月表面のでこぼこは、クレーター、山、海と呼ばれており、倍率の低い望遠鏡でもよく見ることができる。

月は惑星ではなくて、地球の衛星である。月は地球に属していたが、今日のように地球物質がそれほど鉱物的でなかった時に地球から離れたという考え方が、次第に地質学著や地理学者達の定説になってきている。

月はまたいつでも天のどこかにあり、地球の自転によって生じる天空の日周運動に参加している。月はしたがって毎日東から昇り西に沈む。私達は、三日月が日没後に西の地平線上に位置し、しばらくして西に消えるのを見れば、月が東から西に動いていくのを確認することができる。同様に、満月が東から昇り、南側で一番高い位置に達し、それから西に沈むのを見る時も、このことを確かめることができるのである。

太陽の場合は、東から西に向かう日周運動がよく見られる反面、西から東へ向かって進む運動、つまり十二獣帯を通って一年かかって進む年周運動の方は、太陽自身の輝きが邪魔になって簡単には追跡できない。月の場合は事情が逆である。月の出が私達に見えるのは、特定の場合に限られている。たとえば太陽を追ってその一時間半後に沈む三日月は、また太陽を追って、日の出の約一時間後に昇っているのだが、太陽の光にさえぎられて、私達の目には見えないのである。しかしながら、十二獣帯をバックにした月の特定の動きの方は、月が空にかかっている場合は常に観測できる。三日月が西の空にかかっているのを見るとすると、その次の晩には地平線から月までの距離が大きくなっていて、西に沈むまでに昨日よりは時間がかかり、また少しばかり形が大きくなっているのに気づく。もう一日過ぎると、月はさらに地平線より高く位置し、沈むまでにもっと長い時間かかり、太陽に照らされている月表面の部分が、さらに大きくなる。ここで私達は、西から東の方向に動いていく一つの軌道を、はっきりと確認できる。なぜなら月は西から次第に離れていくからである。月は一日に約十四度（訳注、十三・二度）東の方に移動するので、一晩のうちに、初めは、ある星の西の方に位置していた月が、夜の終わりには、その星の東の方に位置するようになっているのを、観察することがある。

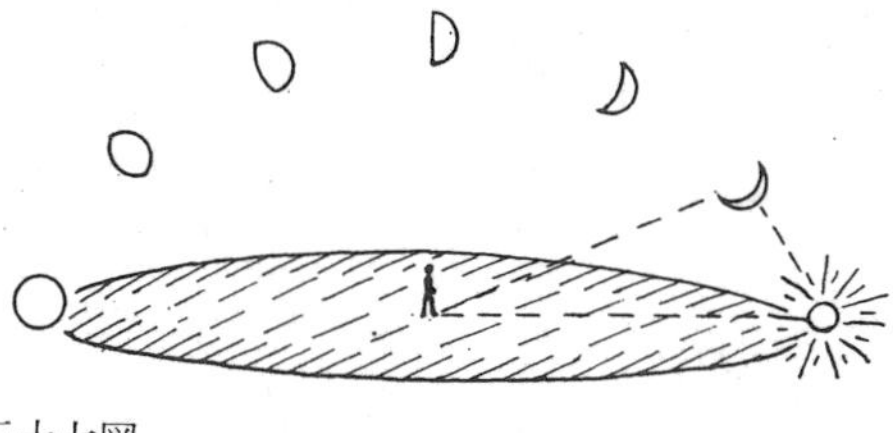

三十七図

　月の表面のどれだけの部分が太陽に照らされているか—月の位相—は、私達が地球から太陽と月を観察する際の角度と関係がある（三十七図）。ここで私達は太陽、月、地球が三角形を形成するのがわかる。これはいわば言葉の本当の意味で、宇宙の三角形である。地球において作る角度が零度の時、地球から見て太陽の前に月が位置し、太陽の光を背後から受けるので、月は私達には見えない。これが新月である。角度が大きくなると、月は成長し始める。角度が九十度になると、上弦の月となる。太陽が沈む時、上弦の月は南の方角に高く昇っている。角度がさらに大きくなって九十度から百八十度になると、月は上弦の月から満月へと成長する。その時月は太陽に対して水平の位置になるから、太陽が西に沈む時に、東から昇ってくる。さらに角度が大きくなると、太

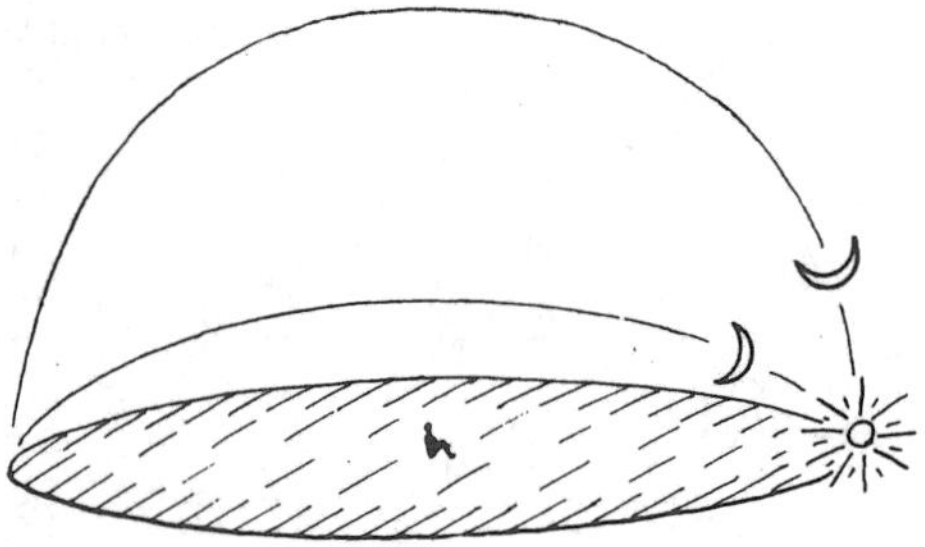

三十八図

陽が沈んでも月は東の地平線下にある。月は欠けて、別の側が太陽によって照らされる。二百七十度になると、月は下弦の月となり、真夜中に昇る。続く九十度の間に、次第に月は欠けていき、最後には細長い短冊のようになって太陽の昇る少し前の東の空にかかり、結局は新月となって再び私達には見えなくなってしまう。

新月から新月、満月から満月までの期間を、一朔望月と名づける。その長さは二十九日半よりわずかに長い（訳注、二十九・五三〇六日）。これは月が十二獣帯を通る軌道を歩み通して、同じ位置に戻ってくるのに必要な日数より数日多い。なぜかというと、この一ヶ月の間に、太陽は自分の軌道上を十二獣帯の一星座分だけ先に進んでおり、したがって月は、最初の位相に到達するために、太陽にその分だけ追いつかなければならないからである。月が十二獣帯にそって自分の軌道を一回りするのに要する日数は、二十七日と三分の一である。この時間を恒星月という。

月の様々な位相を、単に一年だけでなく数年にわたって追跡することは、最も楽しい観察である。

私達が誰でも親しみを覚える新しい三日月が、常に同じ傾きをもつわけではないということは、おそらく誰でも気づいていることであろう（三十八図、訳注、各軌道は月の日周運動ではなく、日没時の獣帯の形を示している）。

左側に描いてあるのは、十二獣帯が最も低い位置にある時に私達が見る三日月である。それは、太陽がおとめ座と共に沈む時である。

別の三日月は、十二獣帯が最も高い位置にあって、したがって太陽がうお座と共に沈む際に見ることができるものである。これが典型的な復活祭前の三日月であるが、復活祭が早くにくる年には、復活祭の済んだ後にも見られるものである。私達はこの時、月の照らされていない部分をもはっきりと見ることができ、月はまるで銀の盃の中に聖体が憩っているように見える。

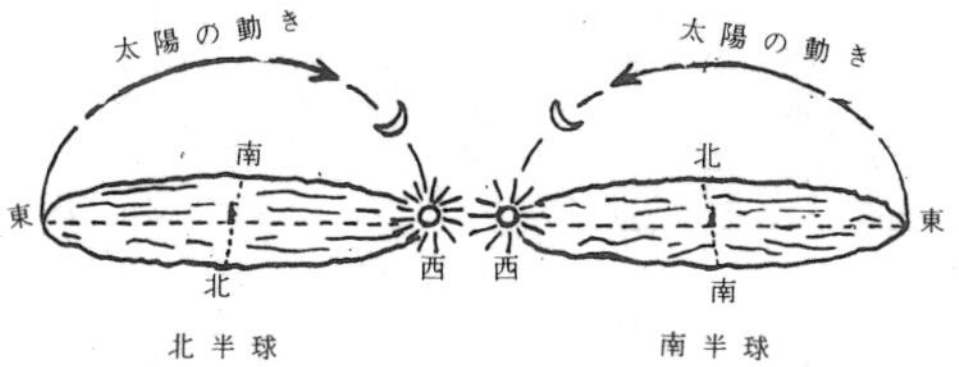

三十九図

ここで私達はまた、なぜ三日月が南半球では、私達のところとちょうど反対の方を向いているのかという問に、答えることができる。月を照らしているのはすでに地平線下に沈んだ太陽である。月はしかし十二獣帯の中にある。北半球では十二獣帯は南の空に昇り、南半球ではそれに反して、北の空に昇る。その時に三日月の光っている部分は、北半球にあっては、新月に向けて欠けていく月の光っている部分と同じ部分である。したがって日没後の姿を描くと、三十九図のようになる。

満月は常に太陽と正反対の位置にあり、冬には天高く昇る。その時期に太陽は、十二獣帯中最も低い位置の星座のところにいる。夏の満月は地平線よりほんの少し上にしか昇らない。なぜなら太陽はその時ふたご座にあって、最も高く昇るからである。

十二朔望月は太陰暦の一年を形成する。太陰暦の一年は約三百五十四日である。古代人の多くの民族は、時間の算定のためにこの太陰暦を用いた。今日でもなおイスラム教国では、太陰暦が用いられている。太陰暦の一年と太陽暦の一年との相違は、約十一日である。太陰暦の一年が太陽暦の一年より短いことから、太陽暦の一年はそのつど違った月の位相から始まることになる。太陽暦において、新年が同じ月の位相から始まるのは十九年後である。古代人もそのことを知っており、このリズムのことをメトンのサイクルと名づけた。

このことは、なぜ春の満月が十九年ごとに同じになるかの理由である。西暦三二五年のニケアの公会議で、全キリスト教徒に対し、復活祭は春分の日の後の満月の最初の第一日曜日に祝われる、と決められた。復活祭の日は、したがって太陽と月の間の変動的関係をもとに決められる。復活祭が変動するということは、多くの人々にとってあまり気持ちのいいものではなかったかもしれないが、復活祭が常に同じ日に祝われるようになってしまうならば、それは疑いなく宇宙とのかかわりの最後の残りが、人間から失われてしまうことを意味するに違いない。

地球から眺めると、月の位置に影響を与えるもう一つ別のリズムがある。このリズムを考える際、私達は月軌道のことのみでなく、月空間をも問題としなければならない。

月空間の中に、地球は取り込まれている。そしてここでは月が地球のまわりを回るか、地球が月のまわりを回るかは問題ではない。疑いもなく、月は地球のまわりを回っているのである。だから人々が地球をまだ宇宙の中心点とみなし、そのまわりをすべての惑星が、それぞれの軌道を描くと考えていた時代には、人々は月を惑星の一つだと考えていたのである。その後コペルニクス体系が取り入れられて、初めて人々は、月を地球の衛星だとするようになった。地球が太陽空間の中で、ある種の光合成を行なっていると私達はいったが、それと同じように、たとえば引き潮満ち潮において、私達は地球のもつ水の要素が、月空間で呼吸しているのを見るのである。

月も同様に十二獣帯を背景にして動くが、月の軌道は、黄道とは一致しない。すなわち、月空間は、十二獣帯空間の中で五度の角度で「傾いている」のである。月空間をさらに二つの同じ大きさの部分に分けている月軌道の半分は、黄道より上に位置し、もう半分は黄道の下を走っている。月が黄道をふみこえ、月軌道がそこから黄道の上方に入る点は、上向きの月交点（昇交点）と呼ばれる。月軌道が再び黄道の下に入っていく点は、下向きの月交点（降交点）と呼ばれる。この月の軌道の二つの交点は、月空間が太陽空間に向けて開く「門」である。月空間は太陽空間の内部で、自分の軸のまわりを十八年と七ヶ月で回転するから、二つの交点はこの期間の間に全十二獣帯を通過する。

この交点もまた、春分点が歳差によって移動する時と同じに、東から西へと移動する。

今、昇交点がうお座にあり、降交点がおとめ座にあるとしてみよう。太陽は春にはうお座と一緒に沈み、大変細い三日月がその時、西点上のごく近くにかかる。数日してふたご座に上弦の月が到達すると、その後の月の位置は次第に高くなっていく。しかし

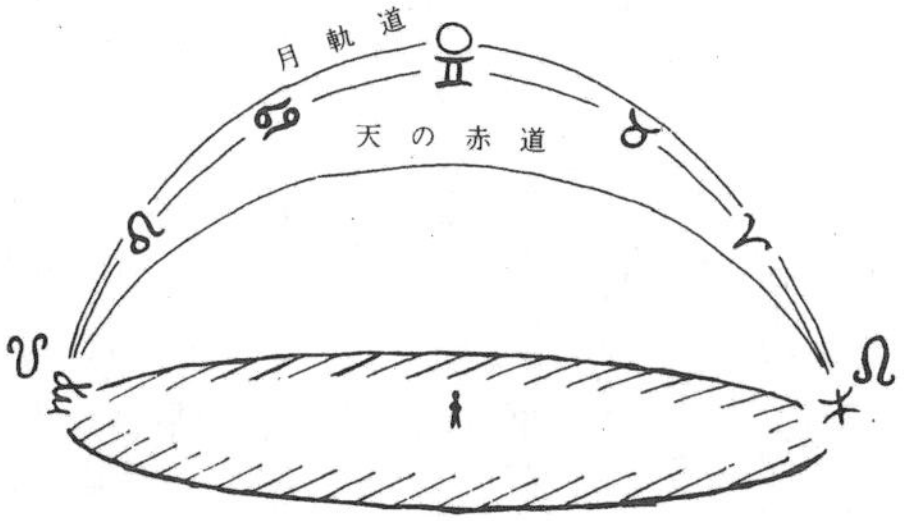

四十図a

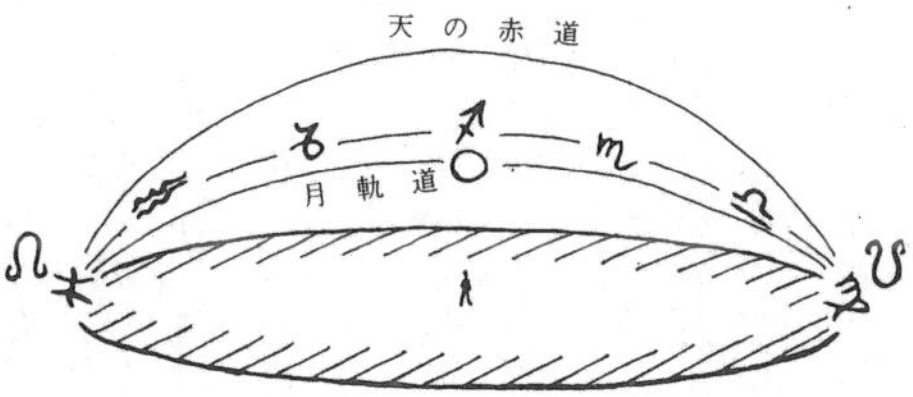

四十図b

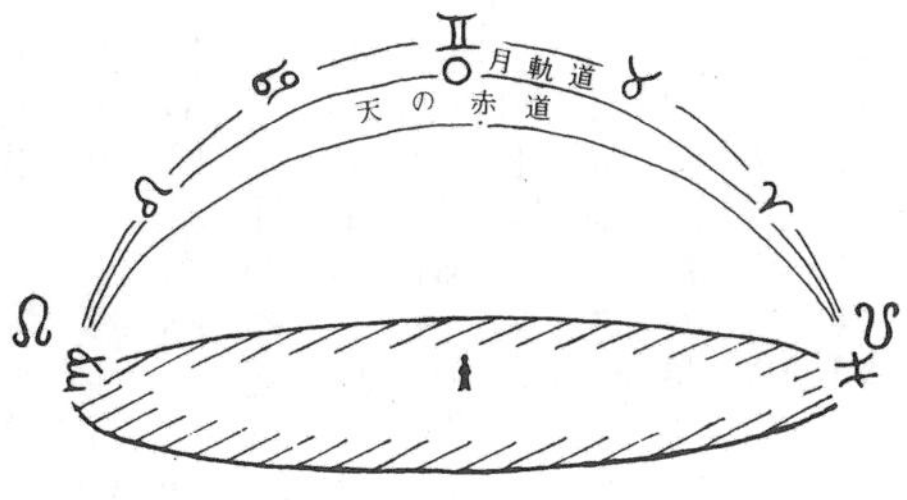

四十図c

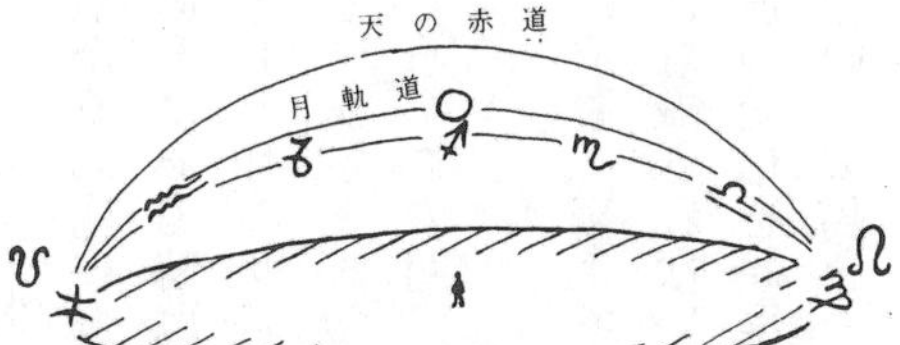

四十図d

ながら、月軌道の昇交点がうお座にあるので、月軌道は次第に黄道から離れていき、ふたご座において、月が黄道より五度高くなるところまで昇り続ける。これはもちろん、月軌道がもつことができる最も高い位置である。昇交点がうお座にある時、冬の満月は非常に高く昇る。一方夏になると、いて座にある満月は、冬のいて座の太陽の位置よりもさらに五度低く、南天に位置する。

ふつう窓を通して部屋から眺められる満月が、冬になると、頭を窓からつきださなくては見られない。というのは、月が高く昇っているからなのだが、そのことを知ることは、実に天文学的観察をしたことにもなるのである。しかし夏には満月は、森や家並の上までは昇ってこない。最も高いところにある時と、最も低いところにある時との間の相違は、太陽の場合は常に四十七度であるが、月の場合、月の昇交点がうお座にある時は、これよりさらに十度も多い。九年と三ヶ月半後には、この交点がおとめ座にくるが、その時は、冬の満月では太陽軌道よりも五度低く、夏では五度高くなる。月の最も高い位置と最も低い位置の間の開きは、この太陽軌道の四十七度よりも十度少ない。昇交点がうお座にある時、月軌道は最も高くなり、おとめ座にある時は最も低くなる。月の昇交点が十八年と七ヶ月のリズムで歩み進む星座のそれぞれに対応して決定される、すべての他の月軌道の位置は、もちろんこの間に存在する（四十図）。

月軌道がこのように次第に位置を変えていくさまは、普通の人間にはめったに意識されないのであるが、私達はこのような月軌道の変化を観察する時、繰り返して驚嘆せざるをえない。太陽を一年を通して観察すると、次の年には、決まった日の決まった時間に空のどこに太陽が昇るかを、かなりの確信をもって言うことができる。歳差運動によって一年は二十分短くなるが、このことは長い時間がたって初めてはっきりすることである。しかしすべてを知らないと、月を知ったことにならない。一年にわたって月を観察した場合、次の年の同じ日に、一年前の観察をやり直すということはできない。十二獣帯の位置は前の年のそれとは違っており、したがってまた、三日月のその日の月の位相が、太陰暦の一年と太陽暦の一年が異なるため、別のものとなっているからである。そのため、たとえば三日月がくる位置それ自体も違う。さらに二つの交点は、一星座の三分の二ほどずれるから、月軌道の位置は変わり、前よりも低くなるか高くなるかする。そしてたとえば、昇交点が十八年と七ヶ月で再びうお座に戻ってくる時、この七ヶ月という期間があるために、若い三日月は日没後てんびん座に位置し、成長期にあり、黄道より低いところを通っている月軌道の部分を歩み終わりかけている。もちろん月軌道が楕円のために、月は近日点では遠日点よりも早く動くということも、忘れてはならない。月は実際、その運行を確実に知るのが最も難しい天体である。したがって、月に関して算定される数字には、常に「約」という言葉をつけなければならない。恒星月はたとえば、二十七日七時間四十三分十一・五四五秒と確認されている。それにもかかわらず誤差は三時間程度まで生じてしまう。

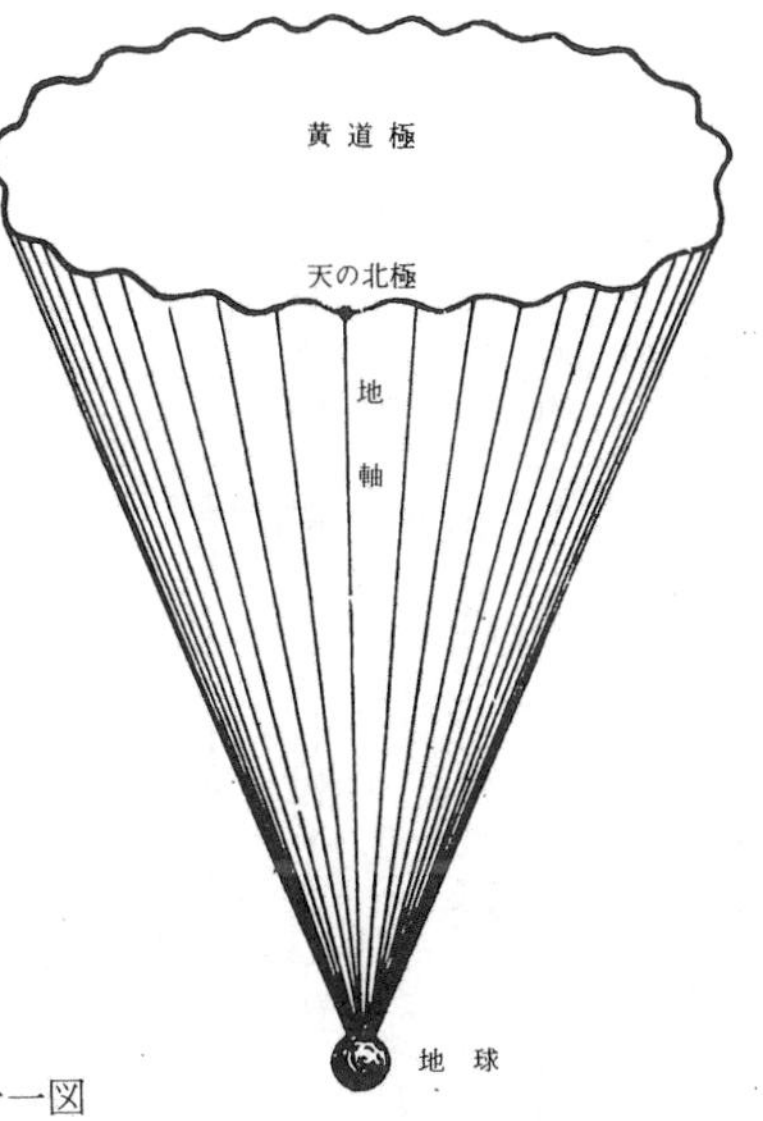

四十一図

私達は太陽においてもまた、十二獣帯にそっての日周運動が、平均値としてしか示されえないことを見てきた。実際の太陽軌道は、ぜんまい仕掛けの時計の仕組みとは違っている。宇宙は結局は厳密な機械装置ではない。そして私達が互いに作用する様々なリズムとその実相とを、よく知るように試みれば試みるほど、宇宙を一つの生き生きした有機体として体験することができるようになるのである。宇宙の中では、それぞれの天体は、それぞれに固有の役割を果たしていて、しかも全体としての調和を妨げることはない。たとえば地球は、月の二つの交点の移動を生み出す月空間の動きに、敏感に反応するのである。

地球軸を延長した天の軸は、二五九二〇年かかって黄道極のまわりに円を描く。それはしかし決してなめらかではなく、波形の円である。このそれぞれの「波」は、十八年と七ヶ月続く。これは章動と呼ばれる。この「よろめき」によって、地球は月空間の動きを知ることができるのである（四十一図）。

二万五千九百二十年かかって描かれるこの円は、したがって千四百四十の「波」をもっている（訳注、これは十八年で割った数。十八年と七ヶ月で割ると千三百九十五年）。これは私達に親しみのある数字である。なぜならば一日の二十四時間は、千四百四十分であるからである。私達が歳差運動を宇宙時計の文字盤上の針の動きと比較するならば、章動の十八年七ヶ月を宇宙時間の一分とみなすことができる。このリズムが、古代において全くこの形で体験されていたということは、バビロニア人によって、一時間を六十分に分けることが決められたという事実から明らかである。彼らは、暦の計算に太陰暦を用い、そしてそれを十八年ごとに太陽暦と一致させるようにしていた。ギリシャ人はこれを十九年ごととしていた。バビロニア人は数字の厳密さにはそれほど興味がなく、宇宙的リズムの相互作用の方に興味があった。いわゆるサロス周期の計算も、バビロニアに由来するものである。そして――太陽リズムと一致させるための――十八年と七ヶ月というリズムは、サロス周期の場合は十八年と十日に縮められている。

私達は「なぜバビロニア人は一時間の六十分の一を、月空間の一回転を縮小したものと感じとったのだろうか？」という疑問をもってよい。この疑問に対して、疑いもなく一つの答えが与えられる。人間は平均して一分間に十八回呼吸する。バビロニア人は彼らの太陰暦を、十八年ごとに太陽暦と一致させた。人間が一分間に十八回呼吸すれば一日に（1.440×18＝25,920）二五九二〇回呼吸することになるのである。

私達はこの小冊子の中で、星空を人間の側から観察する立場をとってきたから、以上のような相互関係について述べることを認めてほしいが、こういった関係は、まだたくさん見つけ出すことができるのである。そしてそれらは、「人間は大宇宙に対する小宇宙である」という主張が、決して単なる抽象的な言葉でないことを示している。

月は常に同じ面を私達に向けている。というのは、月はひと月に一回自分の回転軸のまわりを回っているからである。この月の動きを私達がはっきりと思い浮かべるためには、私達が一つの中心点のまわりを動き、その際、常に私達の顔を中心点に向けるようにするとよい。そうすれば、この中心点のまわりを回る時に、私達自身が自分の回転軸を一回回ることになるのがわかるであろう。もし月がこのような回転をしなかったなら、ふたご座にいる時に私達に見せている面が月の正面だとすれば、いて座で見せるのは、その反対の面だということになる。私達がこの運動をいくぶん速度をあげて試みるならば――なぜなら月は私達にとって最も早く動く天体であるから――その時私達は、私達が軌道のある部分において、カーブするために右肩をやや前方にもってこなくてはならず、軌道の反対の位置では、同じように、左肩をやや前方にもってこなくてはならない。もし私達が月のように、空間に自由に浮かぶことができるとするならば、ある時はあお向けになって足の裏の一部を見せるだろうし、またある時は前方に傾斜して、頭のてっぺんを見せるだろう。

私達はここで、月における秤動と呼ばれているものを行なったことになる。たて方向の秤動は左肩と右肩のゆすり、左右の秤動は足の裏と頭のてっぺんのそれである。同じことを「月の回転は月軌道に対して垂直ではない」という、いくらか素っ気ない言葉で表現することもできる。月は常に私達に同じ面を示すにもかかわらず、それでもその全表面の七分の四を地球から見ることができるというのは、このためである。

第九章　日食と月食

私達は、地球と太陽と月がいわば三角形を形成し、その三角形が常に動いているということを指摘した。二つの場合、この三角形の三点は一直線上に並ぶ。すなわち「地球」を頂点にして測った場合、その角度は零度か百八十度である。最初の場合が新月であり、二つ目の場合が満月である。新月の時には、月は地球と太陽の間にあり、満月の時には、地球が太陽と月の間に位置する。その時地球は、月に向いた側と反対の面が太陽に照らされている。そして地球が天空に投げる影が、月の上に落ちる。これが月食（月蝕）である。

新月の時には月は地球と太陽の間にくる。その時太陽は月におおい隠される。これが日食（日蝕）である。もしも月軌道が太陽軌道と完全に一致しているならば、私達は毎月、新月の時に日食を見、満月の時に月食を見ることになる。こういうことが起こらない理由は、月軌道が太陽軌道と五度の角度をなすからである。月はもちろん毎月、自分の軌道と黄道との交点を通る。しかし太陽は年に一度昇交点を通り、年に一度降交点を通るにすぎない。したがって一年に二回だけしか、蝕は起こらない。この交点は十八年と七ヶ月かかって東から西へ移動するので、交点は太陽に向かって近よっていくことになり、蝕の成立条件は、毎年三分の二ヶ月早くやってくる。

理想的な日食は、もちろん皆既日食であり、その時は月は短い時間、太陽を完全におおってしまう。このことが可能であるということは、大きさと距離の関係で、地球から見ると太陽と月が同じ大きさの天体に見えるということを示している。月軌道は純粋な円ではないので、遠地点では近地点より地球に遠いところを通る。それゆえ月は、遠地点にいる時は近地点にいる時よりも少し小さく見える。したがって月が遠地点にある時に日食が起これば、太陽は完全にはおおわれない。細い光の輪が暗い月面のまわりに残るので、金環日食と呼ばれている。皆既日食はもちろん、金環日食も、太陽と月が二つの月交点の間近で出会う時にのみ起きる。多くの場合太陽と月の出会いは、二つの交点から少し離れたところで起きる。その際月は太陽の一部だけを「食べる」ので部分食と呼ばれる。

私達はこの出来事を、簡単に図で示すことができる。しかしできればそれを、空間的に想像することをおすすめする。太陽は黄道上の自分の軌道を運行し、一日平均一度の早さで、たとえば月軌道の降交点に近づく。月は同じ方向に向かって動くのであるが、しかしずっと早く、二日に十三度から十四度の間で動く。月は降交点に到着するまでは、黄道より上側にある月軌道部分を通る。月はその時、ゆっくりと動いていく太陽の上の端をかすめて、追い抜いていくが、その際に月の下線の部分が太陽の上線のわずかな一部分をおおう。いわば月は、太陽の一部分を食いちぎるのである。

この現象は、太陽が交点に達するのにまだ十八日間も必要とする時に、すでに生じうるのである。その時に月がおおうのはもちろん太陽のほんのわずかの部分である。太陽が交点に近づけば近づくほど、部分日食は大きくなる。

同じ交点の別の側でもまた太陽は、十八日間、完全に、ないしは少なくとも部分的に、月におおわれるチャンスがあるから、月が二十九日後に再び新月になる時にもう一度、太陽を蝕する可能性がある。この時当然のことながら、月は黄道よりも下側の軌道を進んでいるから、月が蝕するのは太陽の下縁部分である（四十二図）。

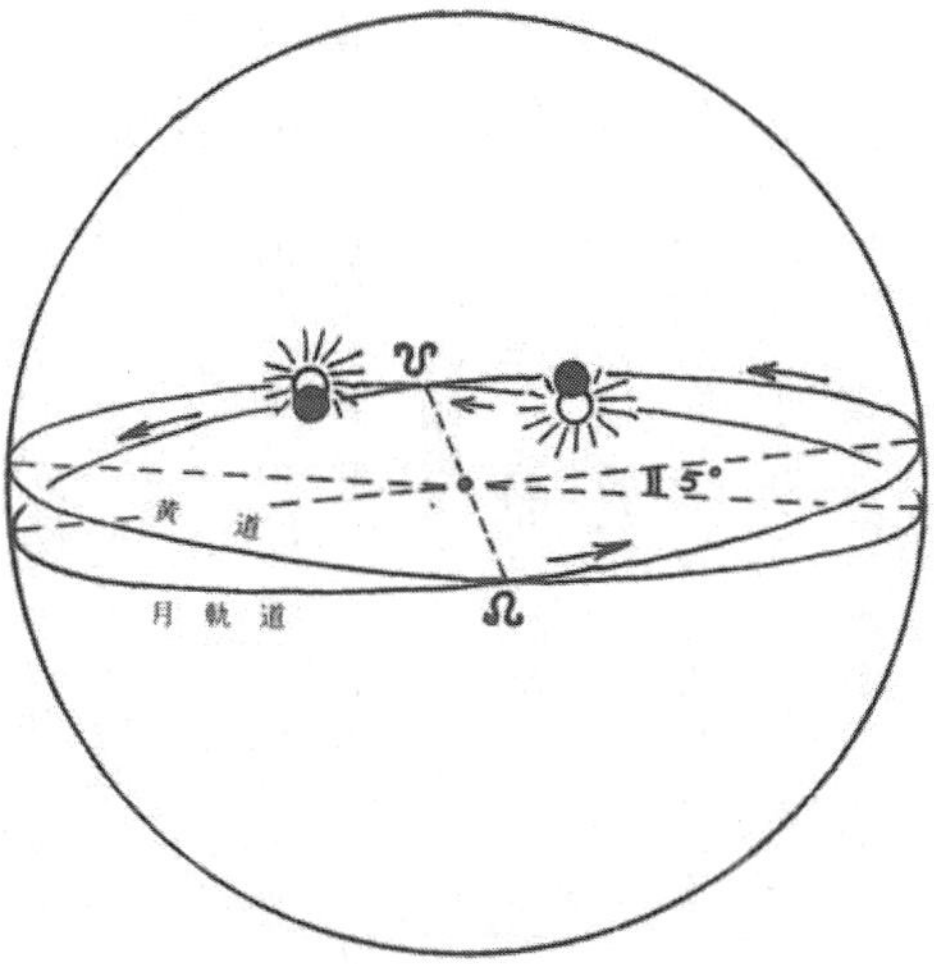

四十二図

もしも最初の蝕が皆既日食か、あるいは少なくとも交点に非常に近いところで起きた時には、一ヶ月後に二度目の蝕は起こらない。

日食の際に何が生ずるのかを、私達はもう一度思い浮かべてみよう。まず第一に地球は自分自身の領域の中におり、その領域の中に、宇宙の出来事が反映している。地球は月空間に囲まれているが、月空間は、地球自身の空間とは一致していない。この両者はさらに、太陽空間に取り囲まれている。地球空間および月空間は、太陽空間と一致しない。月と太陽は、それぞれのリズムにしたがって地球を回っている。一年に二回、月は地球の前にきて、太陽が完全ないしは部分的に隠れるという現象が生じる。太陽が月の裏面を照らしている新月の時にはいつも、月は地球に向けられた宇宙空間の中に影を投げる。しかし影は、地球の上か下にそれる。月の作る円錐形の影が地球の表面に触れると、日食が生じる。もちろん円錐形の影の中にある地域だけである。星空が見えるほど空間が暗くなるのは、影が時たま二百キロメートルの広さに及ぶ時である。影は非常に早く移っていく。というのは、月は一秒間に一キロメートル動くからである。しかも地球は自転しており、赤道上の一点は、一秒間に四百六十四メートル同一方向に向かって動いているから、赤道上の円錐形の影は、一秒間に約五百メートル動くのである。もっと緯度の高いところでは、この値はもっと多い。

ここで私達は突然、普通には単なる計算問題に見えていたものを、現実的に体験するのである。月が一夜のうちに西から東へと動いていくのを見ると、それは大変ゆっくりとした動きだから、月のそばにいる星との関係を見ることによってようやく、その動きが観察できるぐらいのものである。

月は一秒間に一キロメートル進む。したがって一時間に三千六百キロメートル進むのだが、これは私達が実際に天を見て感じる実感と、一致させることができない速度である。同様にまた、たとえば自分が地上に立っているこの場所と共に、一時間に千八百キロメートルのスピードで宇宙の中を突っ走っているということも、実感と一致させるのは困難である。なぜなら地球が自転する速度について私達がもっているイメージは、太陽が東から西へ一日かけて進むその歩みだからである。この太陽の運行は、静かで堂々とした前進運動である。ここでは宇宙的リズムが問題なのであって、もし私達がこの宇宙的リズムをメートルとかキロメートルとかいう地上的単位で測ろうとすれば、計算結果と現実体験の実感とを一致させることは、しばしば難しい。ところが皆既日食の際には、太陽と月と地球の間で演じられるものを、突然地球の表面で見ることができるようになる。その時には秒やキロメートルで表現された速度は、把握可能な現実となる。そして突如として私達は、月が一秒間に一キロメートルの速度をもち、また地球表面の各点が一秒間に約四百五十メートルの速度で同方向に走っているので、この二つの速度の結合の結果、地球表面上の日食の円錐形の影が、一秒間に五百メートルの速度で前方に進んでいくことになるという事情を、理解できるようになるのである。

　どの日食も、地球上に特定の闇の軌跡を描く。地球上のどこに影が生ずるかということは、闇の生まれる瞬間に、太陽と地球の間に成り立つ関係に依存しているのであり、また、自転する地球上のどの部分が、ちょうどその円錐形の影の中に入るかということに左右される。その際また、月軌道のどの部分を月が運行しているかも、一役かっている。金環日食の場合は、月が地球から少し離れすぎていて、円錐形の影が地球の表面に達しない時に起こりうる。

　皆既日食は、赤道上では四時間半以上続くことはありえない。温帯ではそれよりさらに一時間も少ない。太陽が完全に隠れてしまう時間は、せいぜい八分間続くのみである。

　いわゆる皆既日食圏の右側および左側では、部分食が見える。一九六一年二月十五日にヨーロッパで見えた皆既日食は、ビスケー湾からイタリヤ（フィレンツェ、グロセッテ）を経て、ギリシャ、クリミヤ半島からシベリヤにかけての地域であり、それ以外のヨーロッパの地域および北アメリカでは部分日食であった。たとえばルガノーでは九十七％、アムステルダムでは八十九％の部分日食であった。一九九九年になって初めて、再びヨーロッパのほとんどの地域で皆既日食が見られるであろう。

　月食もまた円錐形の影によって生ずるが、それは地球が月に落とす地球の影である。月の影は新月の時に天空に落ちるが、地球がその影の中を通過する時にのみ、月の影が見えるのと同じように、地球の影は月が地球の影の中に入る時に、初めてはっきり見える。尤も私達は地球の影なら、しばしば見ることができる。よく晴れた日に、太陽が沈んだ直後にその沈んだ太陽の正反対の方向を見ると、暗い弧が見える。これが地球の影のはじまりであって、この影は太陽が西の地平線下にだんだん沈んでいき、夜に入るとだんだん大きくなるのである。

　月食にもまた同様に、皆既月食と部分月食とがあり、太陽と月という二つの天体が地球と一直線上にある時に生じる。月はおおい隠されるのではなく、ただ地球の円錐形の影の中に入ってくるから見えなくなるのである。月は「影に入る」のであり、月の光は初めは青白く、それから錆びた赤色になる。

　月食もまた、月軌道と太陽軌道の交点の一つにおいて、月が太陽軌道を越えて行く時にのみ生ずる。それゆえに太陽軌道のことを、黄道（月食軌道）とも言うのである。つまり交点の右に十一度、左に十一度の約二十二度の範囲内で、月が暗くなる可能性がある。太陽においては、蝕の起きる可能性の範囲は三十六度である。だから一年のうちの二つの蝕周期の一つで、太陽と月の最初の出会いが、たとえば降交点から十六度手前のところで生ずることがありえるのであり、その際には部分日食が生じ、月は太陽の上端を「食いちぎる」。半年たって、月が満月となり昇交点にやってくると、続いて月食が生じる。その時、朔望月の半分、すなわち十四日と四分の三日が過ぎている。そして太陽は降交点のすぐそばまできており、月食は皆既日食か、またはそれにごく近い。再び約十日後の新月の時に、太陽は同じ交点の約十三度後のところにくる。したがって再び日食の可能性があり、月は月軌道の下降部分の上にきているから、太陽の下の一部を「食いとる」。

　ここで私達が部分日食に対して「食いとる」とか「食べる」という言葉を使うのには理由がある。つまり蝕の出来事を観察すると、本当にそういう実感が私達に生じるからである。北方神話では、太陽を食い尽くすのはフェンリス狼である。また月軌道の昇交点および降交点に対して、竜の頭とか竜のしっぽという名がつけられているが、それは、人々が日食の時、太陽が何か恐ろしい化物に襲われると考えていたことを示している。

一ヶ月のうちに場合によって二つの日食と一つの月食が起こるための諸条件は、もちろん毎年揃うわけではない。太陽は一年間に一度は昇交点に、一度は降交点にやってきて、日食が起こりうる領域は三十六度、すなわち三十六日にわたり、朔望月は二十九日と半日続くから、常に一年に二度日食が起こる。しかしその二度の日食は、交点の数度前で起こるかもしれないし、ぴったり交点上で起こるかもしれない。あるいは交点の東側何度かのところで起こるかもしれない。最初の場合は部分日食が起こり、月食と場合によっては二つ目の部分日食が起こるであろう。太陽と月の出会いが交点のすぐ近くで始まり、それゆえに皆既日食が生ずる時には、さらに月食が続いて生ずるのであるが、しかし次の新月の際には、太陽はすでに交点からずっと離れてしまっているから月にかくされることはない。もし太陽と月の出会いがまず月食から始まる場合は、二つ目の日食が続く可能性がある。しかしながら、月食が同一周期の中で二度連続して起こることは、ありえない。なぜかというと、月食の起こる可能性のある範囲は二十三度であり、太陽は一朔望月の間に二十九度半進むからである。もしも太陽と月の出会いが、太陽がすでに交点をすぎさってしまってから後に起こった場合には、その時には部分日食が生ずるが、月食がそれに続くことはない。このように日食は、一年のうち常に少なくとも二回起こるわけである。しかし、場合によってはさらに三回、四回、五回と生ずる可能性もある。

太陽は、交点自身が移動するために、昇交点にも降交点にも毎年二十日早く到達するので、日食の可能性はもっと大きくなる。したがって、たとえばある年に日食周期が一月の初めに生ずる時には、次の年の最初にくるはずの周期が、同じ年の十二月の末にすでに生じてしまうであろう。九年と三ヶ月半後に別の交点が同じ場所にくるので、しばしば一年に三度、日食が生ずる。これは最近では一九五四年に生じた。

私達は星座表で二つの交点、太陽、月の位相などの場所を追跡することができるので、だいたいのところ蝕がいつ起こるかということを常に知ることができるけれども、正確な時間の計算は、天文学者の仕事である。それには、前章で太陽や月の軌道について述べたたくさんの特別な条件が、考え合わせられなくてはならない。二つの天体の速度、二つの天体の楕円軌道上の場所等が、重要な意味をもっている。それゆえに、月が軌道上で近地点に位置したおかげで地球から見た場合の月の大きさが太陽の一部をかくすことができるだけの大きさになり、したがって日食が生じたが、もし月が近地点に位置しなかったならば生じなかったに違いない、という場合などもあるわけである。

私達がもっている現代的な手段がなかったにもかかわらず、きわめて遠い古代においても、日食があらかじめ計算されていた。日食に関する文献のうちの最古のものは、中国の伝えるもので、紀元前二六九七年の報告である。二人の古術者が、差し迫っている日食について自分に時間を正確に知らさなかったという理由で、皇帝がこの二人を殺させたという中国の伝説がある。

今日では、そういう話は馬鹿げていると思われるかもしれない。しかし一度皆既日食を体験すると、皆既日食というものが、どんなに深い印象を与える出来事であるかがわかる。円錐形の影が急速に接近するのは、息をのむ体験である。光線の様子が普通とは違ってきて、真暗になると恒星や惑星が見えるにもかかわらず、地上をおおうその暗闇は、夜の闇とは別物である。自然全体が息を止める。とりわけ動物達は不安になり、こそこそと逃げまわる。私達は地球、太陽、月からなる普通の秩序の中に何かあるものがしのび込んだのを感じ、それに対して私達自身の存在を固守しなければならないという感情に襲われる。そして――たいていの場合は数分後に――太陽に最初の光の輪が現われ、暗闇が克服された時、私達はようやく息をつくのである。原始人達が太鼓やその他の音によって、太陽が闇の存在(悪魔)と戦っている時、太陽の力に手助けしようと試みるということは、よく理解できる。それどころか、すでに科学の時代の人間であるあの学識豊かなケプラーでさえ、『月を夢む』という作品の中で「日食の時に地球と太陽と月の間に生ずる影の橋を通って、月に住む闇の魔神達が地球へ下りてくる道を見つけることができる」と言っているのである。

そしてまた古代の人々は、天空に対してもちろん私達のもっているような学問的な知識をもってはいなかったが、しかし人間存在自体の中に根をもつ深い結びつきを感じとっていたので、彼等にとって日食は、決して無視することが許されない出来事であった。

蝕現象には、今日では普通の人々の意識の中にほとんど全くなくなってしまったある特別な性質があり、古代人はそれを知っていて、大変重要なものとみなしていた。私達がその現象のために使用しているる名称もまた、カルデア人、バビロニア人から由来したものである。それは、いわゆるサロス周期と呼ばれるものである。

サロス周期を理解するためには、月空間が太陽空間内で、いかに十八年と七ヶ月かかって自分の回転軸のまわりを回っているかを、またそのことによって月交点が毎年約二十度東から西へ、したがって太陽と反対方向に移動し、さらにまたそのことによって、日食と月食が出現する周期が毎年約二十日早くなるということを、思い起こさなくてはならない。しかしながら私達が何年かを通して、昇交点および降交点で生ずる日食を比較してみても、そこには規則性を見つけ出すことはできない。一九七九年八月二十二日の金環日食の前に一九七九年二月の皆既日食があり、一九七八年の部分日食がさらにその前にあった。日食はまた十二獣帯の様々な場所で生ずる。日食に法則性が見出されるのは、同一交点が再び星座に戻ってくる時生ずる日食を比較して初めて可能となる。同一交点が同一星座に戻るためには、十八年と七ヶ月を必要とする。ところが太陽は、十八年後にはすでにそこに戻ってきている。したがってその時に、太陽と交点とは互いに少し離れている。その差は、両者の運動の組み合わせから——その時太陽は交点より約十八倍も速く走っている——十日ないしは十一日で(十一日かかるのは十八年のうちに、閏年が四回ではなく五回あった場合である)太陽によって歩みぬかれる距離である。この十日ないしは十一日に、さらに八時間、すなわち三分の一日がつけ加えられる。新しい日食が十八年前に生じたのと同じ場所にぴったりと起こるのではないことは、これによってわかるであろう。なぜならば、太陽はすでに前の日食の場所を十日ないしは十一日前に、通り過ぎてしまっているからである。その上その時には、地表の別の場所が太陽の方を向いている。なぜなら地球は八時間で、軸回転の三分の一を終っているからである。したがって日食は、地球の別の場所で見えるようになり、三サロス周期後に初めて、すなわち約五十四年と三十日後に、ほぼ同じ地域で再び観察されることになるだろう。この年月の間に、日食はすでに空の全星座の中を歩み通っている。そして日食の形は少し変わってしまっているであろう。日食は大きくなっているかもしれないし、小さくなっているかもしれない。しかしそれにもかかわらずその日食は、それが初めて部分日食として見ることができた時点までさかのぼって追跡できる。日食が昇交点で生じた場合には、それはまず北極圏で見られた。それが降交点で生じた場合には、南極圏で見られたのである。実例として、一九七八年十月二十日に東部スカンジナビアとアジアの北半分で見ることができた部分日食を、あげておけばいいだろう。この日食が初めて生じたのは一八七〇年七月二十八日であり、それは北極で見られた。そして一九四二年九月十日に、ヨーロッパで観察された。この日食はある時には皆既日食となり、また金環日食となり、それからもっと南の地方で見られるようになるであろう。最終的には、この日食は南半球で再び部分日食となり、南極で死ぬであろう。一九八〇年二月十六日の皆既日食は、降交点で生じたものであり、一〇九六年に南極で小さな部分日食として生じた。一四七五年に、この日食は皆既日食になり始めた。そして約二一五〇年までその状態を続けるであろう。それから再び部分日食となり、ついには北極で死ぬであろう。

今日では人類は、日食というものが自分のいないところで出現し、そこへ観察道具を携えて探検隊を組んで観察に行かなければならない天の現象としてとらえている。もしも私達が日食をサロス周期の観点から観察すると、それは全く違った姿を示す。その観点からすると、私達は地球が日食の網に取り囲まれており、その網の一部分は北極から南極に向けて広がり、もう一つ別の部分は、南極から北極に向けて広がっているのを見るのである。

テオドル・オポルツァーは『日食の基準』という素晴らしい著書の中で、これらの日食が描く道を計算しスケッチした。この本は十九世紀に出版された。それ以後も新しい日食が生まれ、古い日食が死んでいった。二十世紀には五つの日食が地上から消えていった。一九〇二年、一九三一年、一九三五年、一九四二年、一九八一年である。そして二つの日食が生まれた。一九二八年六月十七日と一九三五年七月三十日の日食である。

一九三五年は、日食という領域にとって特別な年であったことに人は気づく。一月五日の部分日食は大変小さかったので、太陽の千分一がおおわれただけであった。この日食はその時に死んだ。この日食は五二八年に昇交点で生まれた。したがってこの日食は千四百七歳という年齢であった。これは非常に長い。なぜなら、ほとんどの日食周期はたかだか千年か千二百年の命だからである。同じ年の夏、七月三十日に降交点で、南極洋において一つの日食が生まれた。この間に六月三十日にグリーンランドとカナダで見られた部分日食がはさまっていた。この日食は長い年をすごしてきた。この日食は七二七年南極に現われ、最後に一九七一年に北極に姿を見せた。しかも一九三五年には最初の日食期が一月から十二月へ移動したので、一九三五年には、五つの日食と二つの月食が生じた。それは大変法外な数学である。

目下のところそのような日食周期は二十一ある。もし日食の寿命をたどってみるならば、それぞれが独特の性格をもっていることに気づく。あるものは他のものよりも長く生きるというだけではなく、その皆既日食の持続時間もまた違っているのである。あるものは皆既日食が全部金環日食であり、あるものはしばらくの間だけ金環日食である。また日食が地上に描く影の軌道は、それぞれ違っている。すなわちそれぞれの日食は、固有の形を保持している。私達はここにオポルツァーの本からその『署名』の一つを再録しておく（四十三図）。

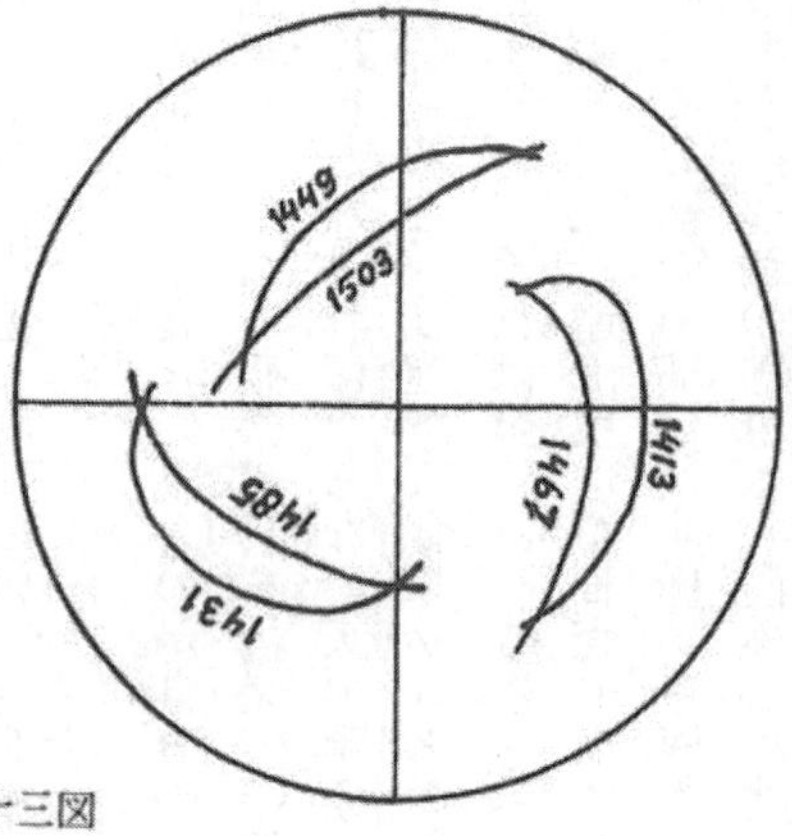

四十三図

月食もまたそれぞれのサロス周期をもっている。その寿命はしかし短い。七百年から八百年である。月食は赤道地方に軌跡を描き、北極から南極に向かって移動する日食の軌跡とは、ほぼ直角に交わる。

地球は太陽空間と月空間の協動運動の中にはめ込まれている。月空間が太陽空間に向けて開いている門の一つで太陽と月が出会う時、いつでも地球にとって蝕が生じる。一つ一つの蝕がそれぞれの歴史をもっているということや、それぞれが自分自身の特徴的な軌跡を地球表面にもっていることなどは、この分野を素人《しろうと》にとっても興味深く、また楽しみなものにしている。

第十章　惑星の運行

太陽と月はいわば私達の毎日の生活圏に属している。一方惑星は私達地球の「宇宙の兄弟」である。私達は惑星が夜空に姿を見せる時に、彼等に対して、若い三日月や昇ってくる太陽に対するのと同じように、親しみをこめて挨拶することができるために、まず彼等惑星のことをよく知っておかなくてはならない。最も魅惑的な惑星は、美しい金星（♀）である。この星は明けの明星、宵の明星として、強く輝くことができるので、時々日中でも見ることができる。

大変つつましいのは、水星（☿）である。水星は私達の緯度からは、めったに見ることができない。なぜなら太陽と水星の距離は、太陽と金星の距離よりもずっと短いので、水星を日没後および日の出前のわずかな時間に見ることができるためには、空がよく晴れていなければならないからである。水星は天気がよくて、十二獣帯が高くきりたった位置にあって、太陽から最も遠い位置、すなわち、最大離角にある時に観察できる。

内惑星

私達は金星と水星を一緒にまとめて取り扱う。というのは、この二つの惑星はいわゆる内惑星であって、その太陽からの距離は、太陽から地球の距離より短いからである。したがってこの二つの惑星は他の惑星と違って、太陽と地球の間を通り抜けることができるのである。私達は内惑星を常に太陽の近くに捜さなくてはならない。

私達は、内惑星の運行を幾何学的に明確にスケッチする前に、宇宙空間内の金星軌道を想像するように試みたい。私達は、金星が太陽と地球の間に位置している瞬間から、出発する。金星はその時地球からは見えないで、太陽とともに昇り沈みする。金星がその軌道をさらに先に進んで行くと、太陽の西側に位置するようになる。地球から見ると、金星の細い三日月は、地球から見て金星と太陽の間の間隔（離角）が大きくなるにつれて成長していく。太陽と金星の間の最大間隔は四十八度である。これが最大離角である。その時金星はいわゆる上弦となり最も強く輝く。金星は太陽の西側に位置するので、金星は太陽より前に西に沈み、したがってまた太陽より前に東から昇る。金星が西方離角をとる時に、金星はすなわち明けの明星となるのである。

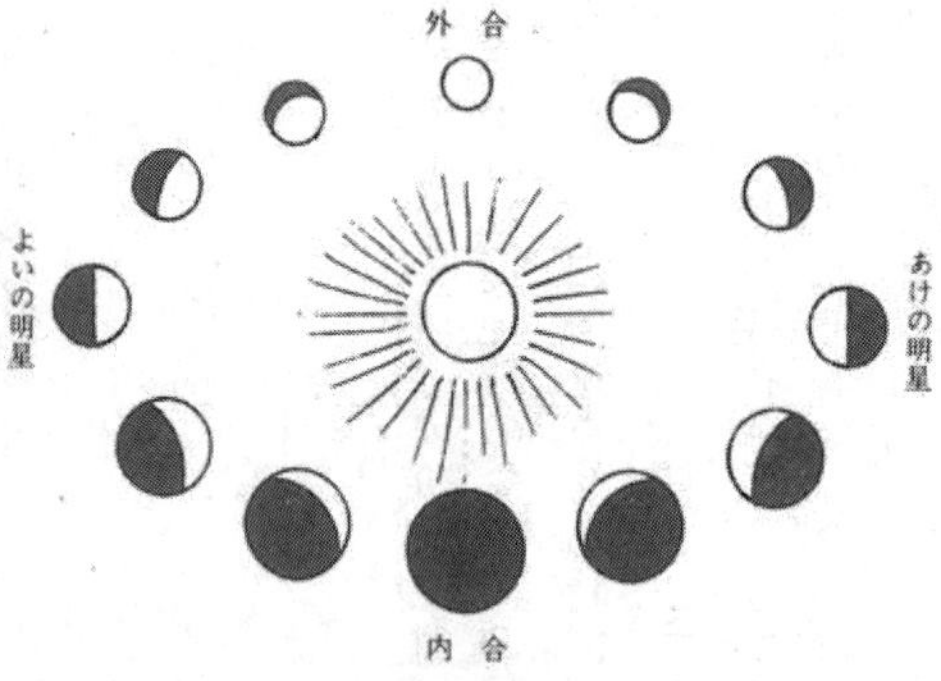

四十四図

西方最大離角の後、地球から見ると、太陽と金星の間隔は小さくなるように見える。金星の輝きは少しずつ衰える。その後金星は太陽の後を通り、再び私達から見ることができなくなる。その時金星は満月状位相、すなわち私達の方に向けている全表面が、太陽によって照らされる。しかし太陽は、太陽と一緒に昇り沈みする金星を、私達から覆い隠してしまう。これを金星の外合という。それから再び金星は太陽の別の側（東側）に現われ、急速に明るさを増していく。金星は今や太陽の後に昇り、日没の後に空に位置する。金星は宵の明星となる。再び東方最大離角にくると最大の輝きとなり、日没後三時間も観察できる。金星の位置する十二獣帯の場所は、金星が天の赤道の上にあるか下にあるかによって、金星の輝きに影響を与える。

金星がこの軌道を一周するのに要する時間は、五百八十四日である。太陽のまわりの金星軌道の図は四十四図である。

同じような関係が水星にもあてはまる。だから水星にも明けの星、宵の星の可能性があり、同様に位相も形成する。しかし最大離角は水星では二十八度しかなく、しかもそれも、強度の楕円軌道上の遠日点に位置する時だけである。一番うまくいった場合、水星は日没後三十分間天空にとどまることができる。しかし多くの場合は、ほんの短い時間である。したがって空が暗くなると、もう消えてしまう。太陽の回りの水星軌道は一巡するのに百十六日を要する。

古代ギリシャ人は、金星を明けの明星としてフォスフォロス（ルツィフェル）と呼び、宵の明星としてはヘスペロスと呼んだ。彼等はこの二つにそれぞれ異なった力を認めていた。水星もまた明の星としては駿足の神の使者（ヘルメス）であり、宵の星としてはヘルメス・プシュコポンポス、つまり地下の世界へ人間の魂を送っていく案内者であった。

フォスフォロスとヘスペロスが一つのものであり、同じ惑星であることを発見したのは、ギリシャの賢人ピタゴラス（紀元前五〇〇年）であった。彼はそれが美の女神の二つの異なった姿であることを知った。

金星は本当に美しい惑星であるが、木星もそうである。ギリシャ人が惑星の中で金星を、なぜ美の代表者とみなしたかを理解することができるためには、まずギリシャ人が惑星の世界をどのように体験したかを思い描いてみるように、試みなくてはならない。

現在普通に知られている天体の現象が、ギリシャ時代に初めて少しずつ発見されていったということを、私達はともすると忘れがちである。ギリシャの天文学は、エジプト人やカルデア人の占星術を克服した。占星術にあっては、星の世界はギリシャの天文学が生まれた後とは、全く別様に体験されていた。目に見えないことを何の証拠もなく認めるわけにはいかないからという理由で、私達が問題にさえしないような様々なことが、当時はまだ、実在性があると思われていた。たとえば惑星空間は惑星の神々の活動する世界であると、当時の人々は思っていたのである。

私達には現在明らかとなっている金星軌道につい

て、当時の人々がまだ多くのことを知っていなかったということは、彼等が宵の明星と明けの明星を、別の惑星だとみなしていたことからもわかる。しかし当時の人々は、金星に関して、「目には見えないがしかしきわめて実在的なもの」を体験していた。この実在的なものを今や私達は、ここで一歩を進めて、天文学的数学的に再び構築することができる。

　金星が太陽の回りに軌道を描く時、太陽と一度は外合し一度は内合するのを、私達は見てきた。さて金星の一年は五百八十四日であり、太陽の一年が三百六十五日であるから、金星の五年間は太陽の八年間、すなわち二千九百二十日にあたる。したがって八年間に金星は太陽と、五回の外合と五回の内合を行なう。

四十五図

　さてこの五つの外合と五つの内合を十二獣帯にそってずっと書き入れていくと、四十五図ができあがる。このようにして、金星によって八年かかって宇宙に書き込まれる五角形の星形が、ペンタグラム（五芒星形）である。ペンタグラムは正五角形の対角線によって描かれる。この対角線は次のような法則性を示す。すなわち二本の対角線が互いに交わる時、常に全長対最大部分の比率が、最大部分対最小部分の比率と同じになる。つまり全長対最大部分＝最大部分対最小部分となる。レオナルド・ダ・ヴィンチは、この関係を黄金分割（sectio aurea）と名づけた。またケプラーはこれを神聖分割(sectio divina)と名づけた。私達はこの関係をいたるところ、自然の中でも芸術においても、調和的に作られた美的なものが、私達の目に気持ちよく感じられる時には、いつも見つけることができる。たとえば、ばらの生け垣とか、僧侶の頭巾とか、ステンドグラスをはめ込んだ数々の教会の窓とか、レオナルドがまさに黄金分割を発見した(もっと正しくいうなら再発見した)ギリシャ彫刻の様々な比率に、この関係が見られるのである。部屋、机、本の形が私達に気持ちよく感じられる時には、その比率が黄金分割と、確かに一致していると言うことができる。

私達はこのペンタグラムを、遠い過去の時代にまでさかのぼって見つけることができる。古代バビロニアでは、女神イシュタル(ヴェヌス)との関連で、このペンタグラムが現われる。ピタゴラス派の学者の一人が、扉に五角形の星を書いたとすると、それはここを通りかかる同学の仲間に「君達はここに入ってよい。君達は良き人々によって客としてもてなされるであろう」ということを意味していた。中世の末期に至るまで、ペンタグラムは悪霊をふせぐために用いられ、入口の敷居のところや、家畜小屋の扉にはりつけられていたものである。ゲーテの『ファウスト』の中で、メフィストはファウストの書斎から出ていくことができなかった。というのは「魔よけの印」がドアの敷居のところに書きつけられていたからである。メフィストは最初このまじないの印をとってくれる手下の鼠をよびださなくてはならなかった。メフィストが入ってくることができたのはペンタグラムの外側に向いている頂点が、正確に閉じていなかったからである。

金星のペンタグラムもまた、正確に閉じられてはいない。なぜなら私達は、四十五図で見るように、六月十八日と二十日の間に二日間のずれを見るからである。宇宙に「完全無欠」にできあがっているものはない。そしてこのちょっとしたずれのおかげで金星の五角形は、ほぼ千二百年をかけて全十二獣帯を一回り通り過ぎることができるのである。

以上のことは、古代人が星の世界について今日とは全く違った体験をしていたことを、はっきり示している例の一つである。金星が宇宙の中で描き出す目に見えないこの五角形の星形は、古代においては、この惑星のもつ最も本質的な性質とみなされていた。それゆえに金星は、美の女神なのであった。今日では、私達の興味がこの惑星に向けられる時、感覚的にとらえることのできる事象だけがその対象となるが、そのこと自体は、全く正しいことである。しかし人類が感覚的に星座を知覚できるようになったのは、ようやくギリシャ文化期に入ってからである。そのために何百年という年月が必要とされた。別の実例でこのことを、もっとはっきり説明してみよう。

私達は惑星軌道が不規則性を示すことを知っている。この不規則性は、蝶形運動と呼ばれている。惑星は軌道上を一瞬立ち止まるように見え、それから後ずさりするように見え、再び静止して、それから歩きなれた道を進んでいくように見える。この現象はプラトンの時代、つまり紀元前四世紀に初めて発見された。この発見がギリシャ人の哲学的意識に対して、強烈な衝撃を与えたということを理解することは今日大変難しい。ロドスのゲミヌスは紀元前一世紀においてもなお、次のように書いている「立ち止まり、再び後もどりし、もう一度立ち止まり、そしてまた歩いてきた道を先に進むというのは、酔っぱらいのすることだ。神が酔っぱらいのように振る舞うというのは、一体どういうことなのか？」と。——この惑星軌道の蝶形運動の発見直後にプラトンは、どのようにしたら調和的円形運動体系を用いて、この不規則性が説明できるかという「懸賞問題」を出した。

金星と水星は、地球と太陽の間を運行している間に、すなわち私達が見ることのできない間に、蝶形運動を描く。二惑星が蝶形運動をするのに要する時間は常に変わり、また蝶形運動の間に生ずる太陽との内合時間も変わる。これには非常に多くの要素が作用していて、とりわけ十二獣帯のどこで合が生じるかが大きな意味をもつのはもちろんだが、また太陽軌道に対する惑星軌道の位置もこれに関係する。二惑星はまた、一つ一つがそれぞれの空間をもち、それぞれが独自のやり方で太陽空間にはめ込まれている。水星軌道は、太陽軌道に対して月軌道よりもっと小さい角度、すなわち七度の角度をなしている。私達はしたがって、ある時には水星が、天空で太陽より七度高く位置しているのを見、またある時には七度低い位置にあるのを見る。水星が一太陽年の間に自分の軌道を三回とちょっと進むために、水星の高さは常に変化する。さらに水星軌道が強い楕円形なので、水星は一年に三度近日点に、そして三度遠日点に位置する。このことはすべて、きわめてダイナミックな水星運動の性格を作るのに役立っている。

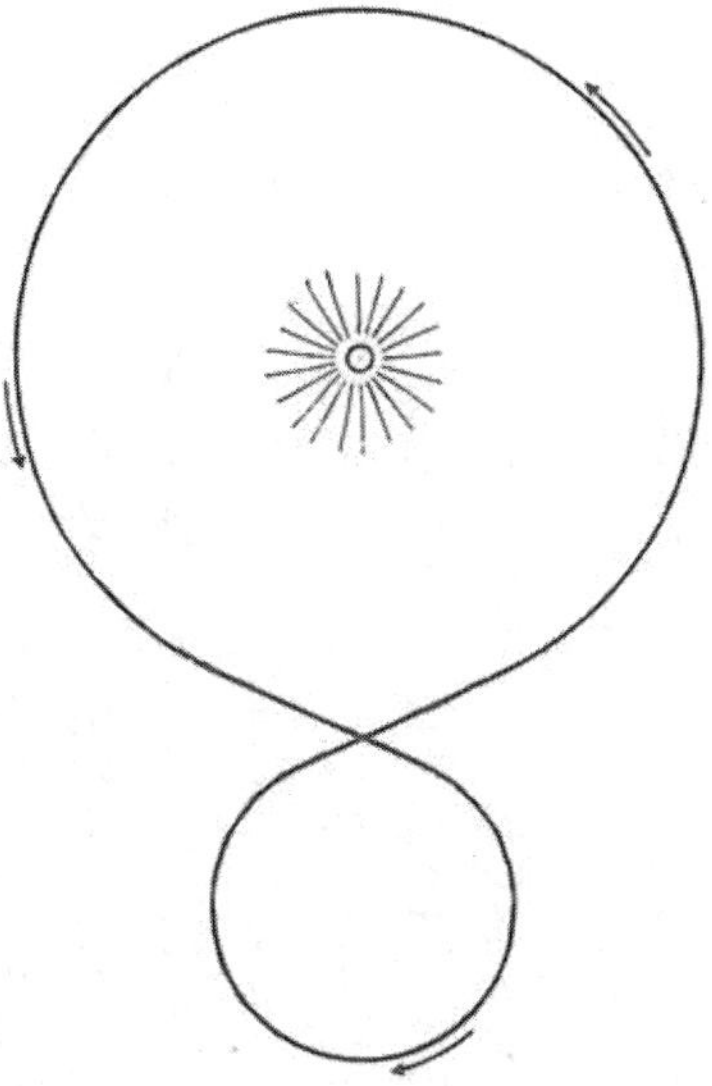

四十六図

金星においては、ずれはもっとずっと少ない。金星軌道が太陽軌道となす角度は約三度であり、その軌道はほとんど円形である。金星は八年間に五回、地球と太陽の間を通過するので、この間に五回の蝶形運動を描く。水星は一年に三回蝶形運動を描く。しかも3×116＝348であるから、すなわち三百四十八日すれば次の蝶形運動が生じるので、時には年内に四回目の蝶形運動も可能である。水星は毎年十二獣帯中に一つのクローバーの葉を描き、時々それが四つ葉のクローバーとなるといってもよいのである。

内惑星の蝶形運動を、私達は金星において最もよく見ることができる。というのは、金星は水星よりもずっと動きが少ないばかりか、水星が長い間私達に見えないのに反して、金星は常に繰り返し最も純粋な輝きを私達に与えてくれるので、私達には大変親しみ深いからである。

すなわち、金星は長い間、宵の明星として輝いた後に輝きを失い始め、その光輝く力は次第に衰え、ついには太陽と地球の間に入っていって見えなくなってしまう。しかし金星の軌道を追跡していってみれば、いかに金星がこの間に蝶形運動を描くかを想像することは、さして難しくはない。一つの蝶形運動を描き終わると、再び金星は明の明星となって見えるようになる。蝶形運動の形は変わることがある。その標準形は四十六図に示した通りである。

蝶形運動を行なっている間に、内惑星と太陽との合が生ずる。月が太陽と地球の間を通っていく時に新月となるのと同じような意味で、この時「新金星」、「新水星」となる。

普通、内惑星は太陽の上か下を通り過ぎていく。その軌道は太陽軌道と一致しない。両軌道はしたがって交点をもつ。もちろん太陽との合の生じるのは一つの交点上であり、その際金星も水星も太陽をおおうことはできない。

私達は水星がほんの小さな黒点として、太陽面を動いていくのを見ることができる。これは五月か十一月だけに起こる。というのは水星軌道の交点は、おひつじ座か、てんびん座に位置するからである。最近では一九六〇年と一九六三年に見られた。

水星の太陽面通過を研究したのは、ケプラーが初めてであった。彼は一六〇七年五月二十八日に、屋根の隙間から太陽の像をとらえた。その時彼はやせっぽちの蚤の大きさほどの黒い「点」を見た。ケプラーが見たのは、ことによるとただの黒点であったかもしれない。太陽黒点の存在は一六一〇年になって初めて発見された。しかしケプラーは一六三一年の水星の太陽表面通過を予告しており、これは彼の死後、別の科学者達によって観察された。

金星では、この太陽面通過はもっとずっとまれである。これは最近では一八七四年と一八八二年に生じ、次の通過は二〇〇四年と二〇一二年に起こるであろう。

金星軌道の交点は、おうし座とさそり座にある。この交点は、月軌道と同じように移動する。この交点移動は大変ゆっくりしているので――水星のそれは百年に一・五度――両者ともに問題にする必要はない。しかしながら交点が存在するということは、水星も金星も、自分達の活動する空間をもっているということを示している。

外惑星

いわゆる外惑星を観察すると、私達は内惑星の場合と全く違った印象を受ける。外惑星の軌道は、太陽と地球を一緒につつみ込んでいるが、それは太陽および地球から惑星までの距離が太陽と地球の間の距離より大きいからである。太陽と地球の間は15×10⁷km ある。この距離を一天文単位と呼び、この単位を基準として私達は宇宙の距離を表わす。

私達が肉眼で見ることができ、私達の日常の世界像に属している惑星として最初に私達にかかわりをもつ星は、火星（♂）木星（♃）土星（♄）である。これらの惑星はしたがって、金星や水星のように太陽と地球の間を通過することはない。この種の惑星は二度、地球と太陽を結ぶ直線上にやってくる。一度は太陽の後側にくる時であり、したがってその時は地球から見ることができない。もう一度は、地球が太陽と惑星の間にある時である。最初の場合は、惑星は太陽と合にあり、二度目の場合は、惑星は太陽と衝の位置にある。夜、地球から最もよく観察できるのは、惑星が衝の位置にある時である。

最初の衝から次の衝までの間、または最初の合から次の合までの間を朔望周期という。外惑星がその全軌道を歩みぬき、出発点と同じ十二獣帯星座を再びその背景とするようになるまでの期間は、恒星周期と呼ばれる。たとえばある日木星が、しし座の恒星レグルスを背景にしていると仮定しよう。木星は軌道上を進み、十二獣帯のすべての星座を通って約十二年（四三三二・六日）後に、再びレグルスに戻ってくる。木星がレグルスにいる時、太陽と合となるとただちに太陽は木星を追い越して、一年後に全十二獣帯を通り終わって再びレグルスに戻ってくる。その時に木星はそこにはもはやいない。木星はこの一年の間に、しし座から、おとめ座に進行したのである。したがって太陽は木星に追いつかなくてはならないので、一年と三十三日後になってようやく、再び太陽と木星の合が生ずる。したがってこの期間は木星の朔望周期であり、これに反して木星の恒星周期は約十二年なのである。

土星は木星よりずっとゆっくり運行する。土星の恒星周期は約三十年（一〇七五九・二日）である。太陽との合から次の合までに土星がその軌道上を通過する距離は、木星の場合よりも小さい。土星の朔望周期は一年と十三日である。

木星と土星は私達からきわめて遠くにあり、その軌道が黄道と作る角度が小さいので、その運行は見分けやすく、たやすく追跡することができる。二惑星は毎年一回、大変明るくなる時がある。この時、二惑星はいうなれば夜の天を支配するのである。その時二惑星は太陽と衝の位置にある。その後惑星の輝きは衰え始める。惑星は日没後のほんのわずかの時間しか見られなくなり、最後には太陽の影に消えてしまう。その時、私達には見えないが、太陽と惑星は合となっている。その後まもなく惑星は、再び日の出前のほんのわずかの時間東の空に輝く。それから太陽との距離は次第に大きくなっていき、ついに再び衝になる。

しかしこれは惑星だけが行なっている運動ではない。太陽は惑星よりも早く年軌道上を進み、惑星を追いかけて、合で惑星に追いつき、それから次第に惑星から離れて、最後に衝で惑星から最も遠い距離にくる。これに対して、外惑星がそれ自身の軌道を動き、したがって恒星周期を持つことは、惑星が一朔望周期の後に再び夜空に輝く時に、恒星を基準とした位置が前の時とずれているということによって知ることができる。木星は一年後に、十二獣帯上の次の星座に進む。土星は一つの星座を二年か二年半かかって通過する。この二つの軌道は、実に威風堂々としてゆっくりと天空を移動していく。

火星は全く別の性格を示す。火星は木星や土星よりずっと太陽に近いので、地球が太陽と火星の間にきて、火星が太陽に対して衝となると、火星は地球にかなり近く接近する。火星の軌道もまた著しい楕円形なので、太陽からの距離は、遠日点にあるよりも近日点にある場合の方がずっと短い。火星軌道の近日点は現在、みずがめ座にある。したがって火星と太陽の衝が、太陽がしし座にある時に生じれば、いつもより地球に近くやってくるので観察しやすいはずである。この状態は十五年から十七年ごとに起こり、たとえば、一九七一年がそうであった。さらに火星は、朔望周期の方が恒星周期よりも長い唯一の惑星である。たとえば、しし座で太陽と火星の合の生じた時を起点にとるなら、火星は六百八十七日後に、つまり一年と三百二十二日後に、再び十二獣帯の同じ位置に戻っている。太陽はその時まだそこにはきていない。なぜなら、太陽年の満二年には、まだ四十三日足りないからである。火星と太陽は、軌道上で追いかけっこをする。太陽は火星のちょうど二倍の早さで進むわけではない。太陽は火星に追いつき、その際に合が起こり、それから七百八十日後、すなわち二年五十日後に再び合となる。つまり火星の恒星周期は六百八十七日であり、朔望周期は七百八十日なのである。火星軌道を規則的に追い続けていくと、火星と秩序だった関係をもつことが太陽には困難なのではなかろうか、という印象を受ける。時によって火星は一年中見ることができる。このことは他の惑星の場合、不可能である。しかしまた時によっては、火星は一年中見えないこともある。というのは先を急ぐ火星に年内に追いつくことが、太陽にできなかったためである。水星や金星は、太陽と地球の間にきた時に蝶形運動をするので、そのために私達にはそれを見ることができないが、外惑星は、太陽と衝となって最もよく観察できる時に、蝶形運動を形成する。

天空でどうして惑星の蝶形運動が起きるかという問には、色々な方法で十分に満足のいくように答えられる。私達はプラトンがこの問を、同時代人に提出したことを述べた。今まで伝えられている答えはたった一つで、クニドスのエウドクスのものである。彼は一つ一つの軌道が複数の空間をもち、それらが互いに合することなく、相反する方向に動き、そのために一つの惑星軌道に一種の横たわった8の字が生じ、その8の字が天空にそって、第三の空間を通過していくのだと考えた。この8の字形は、数学的にカッシーニ曲線の特殊形であるレムニスケート（双葉曲線）であるが、エウドクスはこれをヒッポペーデと名づけた。これは「馬場」を意味する（私達はまた馬を8字形の馬場で走らせる調教方法を『ギリシャ式』と名づけている。）。クニドスのエウドクスのこの複雑な体系は、今日の宇宙に関する学問にとってはもちろん十分ではなく、ずっと前に忘れられてしまった。しかしエウドクスの体系は、プトレマイオスの地球中心の体系や、コペルニクスの太陽中心の体系にひけをとらないほどたくみに、この蝶形運動を説明している。プトレマイオスは、対恒星惑星軌道を誘導円理論で説明した。つまり、朔望周期を説明するために、誘導円上に小さな円、すなわち周転円を考えた。惑星はこの周期円上にありながら、同時に一太陽年の間に周転円もろともに蝶形運動を一度回転する。惑星がこうして一年の間に描く円は、誘導円と組み合わされて変形するのである。

　この体系にあっては、水星と金星の中心点は、太陽の中心点と結びついているとされた。つまりこの

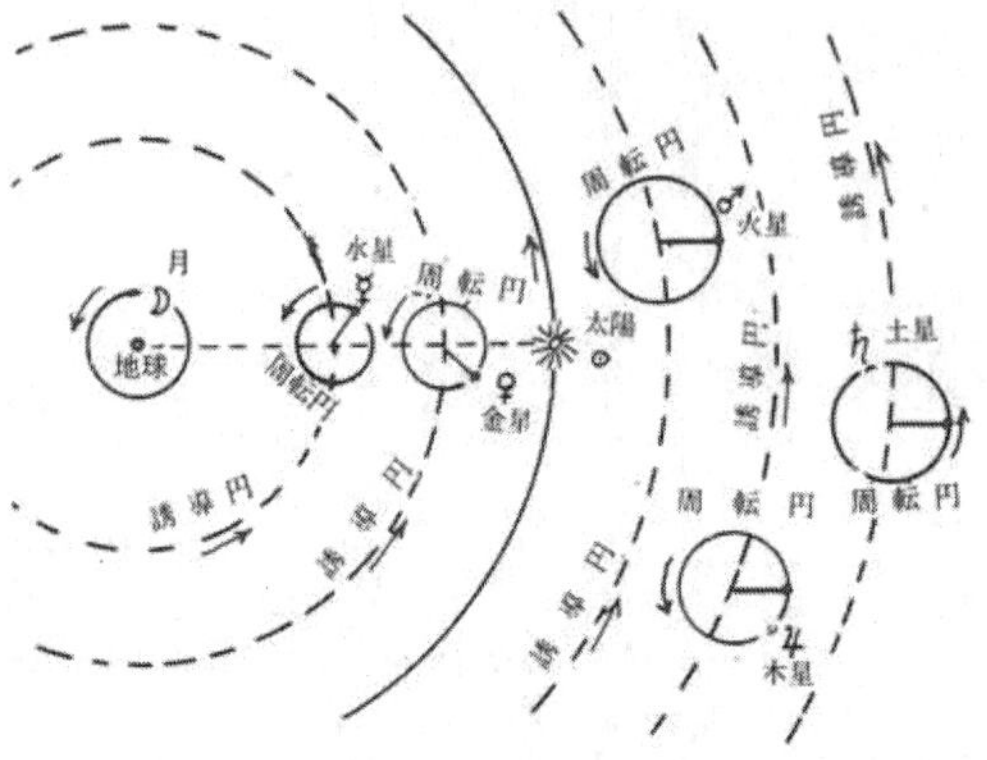

四十七図

四十八図

二つの惑星は、太陽にしたがって動くとされた。内惑星はしたがって、一太陽年の間に誘導円上を一周し、一朔望周期の間に周転円上を一周する。この想定のもとにプトレマイオスは、太陽との結びつきの強い水星、金星の二惑星と外惑星との間に、相違があると考えた（四十七、四十八図）。

コペルニクス体系においては、蝶形運動の説明はきわめて簡単である。惑星と地球は共に太陽のまわりを回り、地球は惑星より早く回る。私達が走っている汽車の中に座っていると、汽車よりも遅い乗物を追い抜いていく時、その乗物がまず止まって見え、それから後に退いていくように見えるがこれと同様に惑星の一つ、たとえば木星が、まず立ち止まり、それから後もどりするように見える。そして地球軌道が楕円なので、惑星がしばらくの間再び先へ進む瞬間が、そのうち生じる（四十九図）。

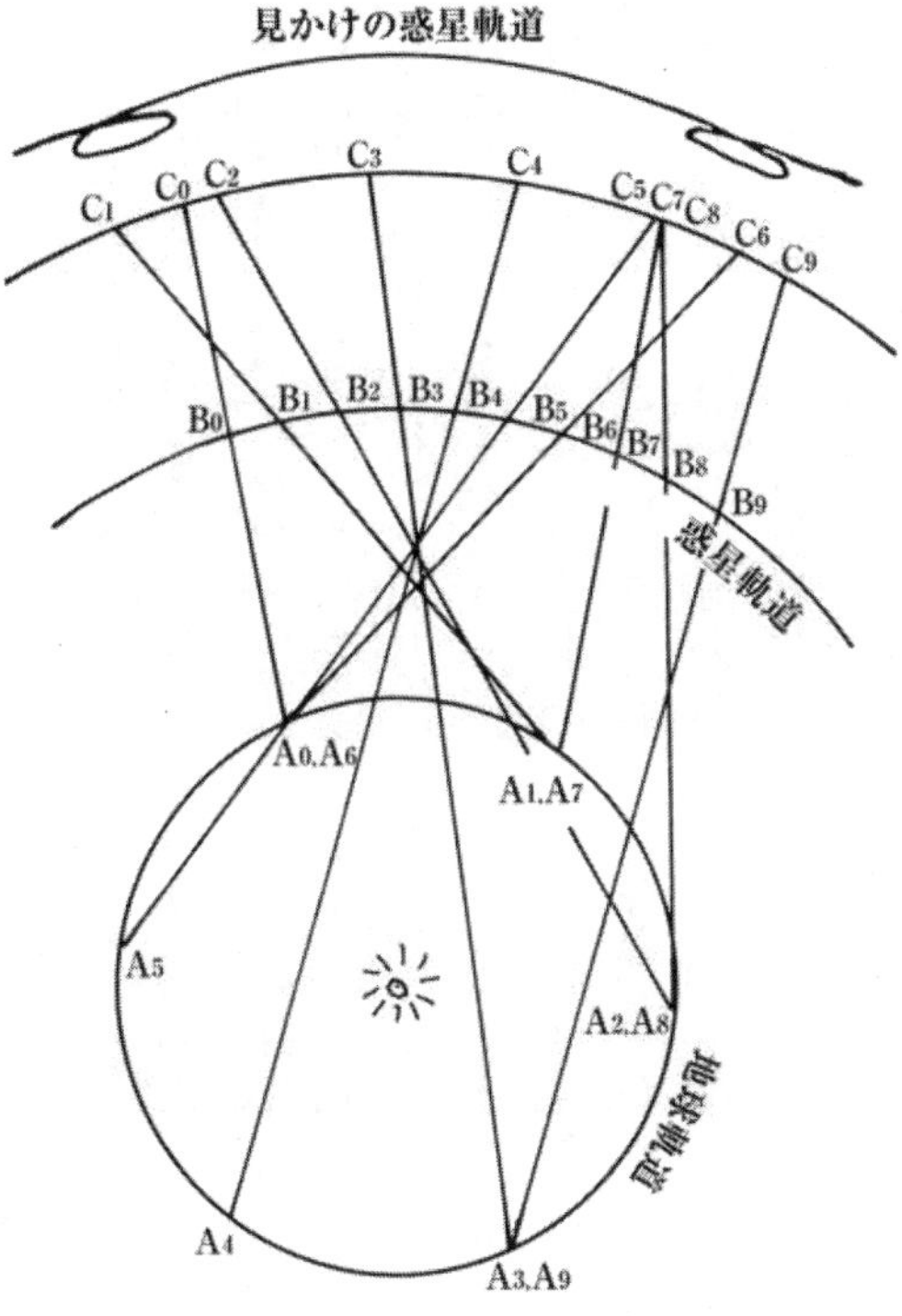

四十九図

惑星の蝶形運動がどのように形成されるかを追跡していくことは、素人《しろうと》にもやさしくできる。これは大変ためになる天文学的観察である。天文カレンダーを見れば、いつ惑星が逆行し始めるかを調べることができる。惑星記号の後に、Ｒ（逆行）と記してある箇所である。私達は問題となる惑星をはさんでいる二つの恒星の位置を、メモしていく。こうして惑星の位置する場所を毎日記入していくと、惑星が東から西へ移動するばかりでなく、通常の軌道よりもやや高くなったり、あるいはやや低くなったりするのに、まもなく気づくであろう。

一九六〇年には、木星と土星の蝶形運動が観察できたが、それはまことに魅惑的であった。二つの蝶形運動は二つとも、いて座の中に、同じ時期にほとんど連続して生じた。その両者の形も、ほとんど同じであった。私達はこの二つの蝶形運動を、もう一度具体的に調べてみようと思う。

一九六〇年四月、木星と土星は毎夜半はっきりと見られた。二惑星はいて座にいたので、高い位置ではなかった。土星はいて座の東端に位置し、木星はその反対の端に位置していた。両惑星の距離は約三十度であった。四月二十日に木星が逆行し始め、四月二十七日に土星が逆行し始めた。六月二十日に木星は太陽と衝となり、七月七日に土星が太陽と衝となった。木星はずっと逆行し続けて、七月はじめにさそり座に入り、八月二十一日にさそり座の中で静止した。その後木星は、さそり座の中で後もどりした分をとりかえし始め、その後、十月の二週目に再び、いて座にやってきた。木星の蝶形運動は、六ヶ月あまり続いたわけである。土星は九月十六日になって初めて再び静止し、それから再び前進し始めた。土星の蝶形運動は、通常約八ヶ月続くものである。

土星は恒星周期からいって、約三十年で十二獣帯を通り抜けるから、一年では十二獣帯星座の五分の二以上を通り抜けることはない。したがって、土星の恒星周期が、三十の非常に接近して並ぶ平らな蝶形運動からできていることがわかる。五十図は一九五三年から一九六二年の間の土星の動きを示している。

同じ木星の軌道を観察してみると、そこに得られる宇宙の姿は、もっとはるかに調和のとれたものである。木星の恒星周期は十二年であるから、この惑星は毎年順々に次の星座の中で蝶形運動を描く（五十図）。木星と土星の二つの非常に接近した蝶形運動を観察すると、木星が自分の軌道上で、のろい土星に追いつくことが理解できる。二惑星の出会い、すなわち合は、一九六一年の二月十九日に起きた。

周期の長さがそれぞれに違うために、太陽と月の合とならんで、惑星相互の合もまた規則正しく現われる。それは木星と土星の間では、二十年ごとに現われる。しかし再び同じ星座の中に起こるのは、六十年後のことである。というのは、六十年は三十年と十二年の最小公倍数であるからである。

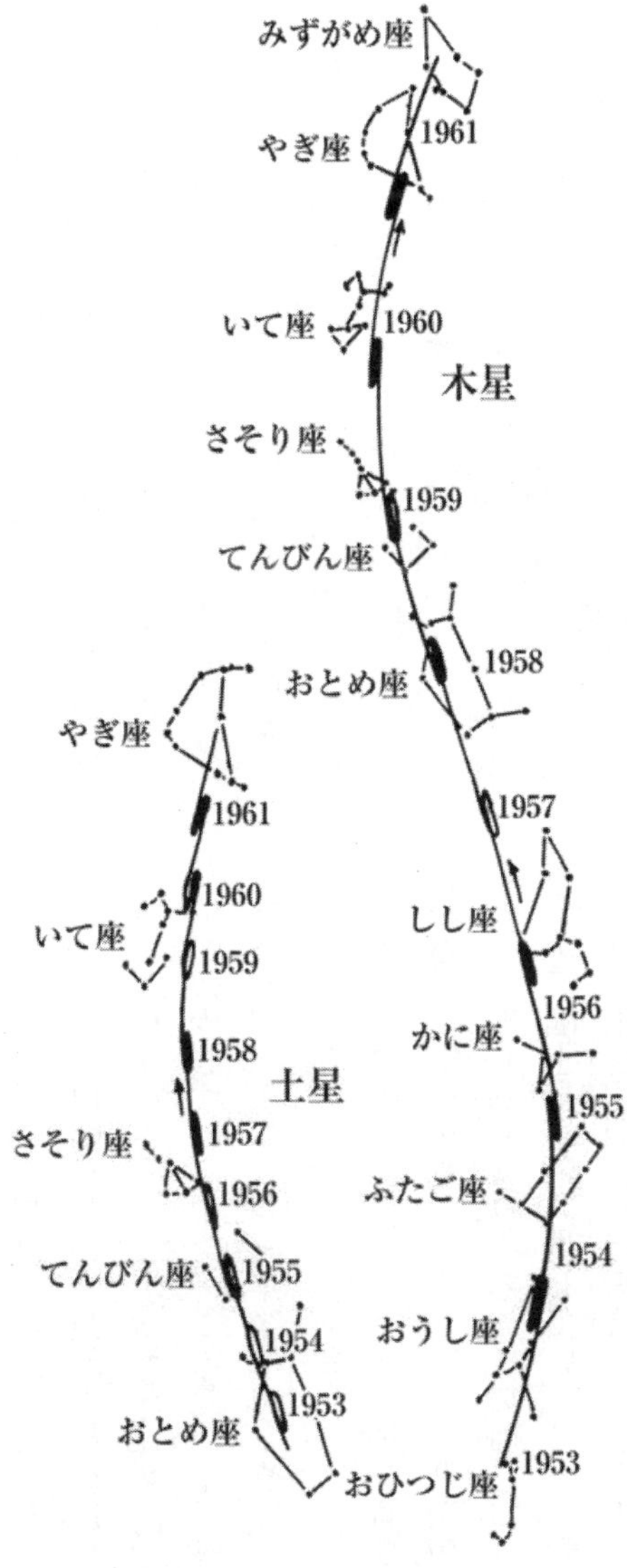

五十図

木星と土星の合はまた、目に見ることはできないが、しかし大変実在的な像を、宇宙の中に書き入れる。三つの次々に続く合の現われる場所を十二獣帯の中に書き入れると、一つの正三角形が生まれる。この正三角形においては、頂点だけが八度の開きを示す。二つの合の間には、この二つの惑星の衝が生じ、その位置がちょうど合と合の中間なので、衝もまた互いに正三角形を形成するが、その頂点は下向きである。木星と土星はしたがって、六十年の間に一緒に一つの規則正しい六角形の星を描く（五十一図）。六十年後に合がもとの位置に戻る時、その位置がほんの少しずれるので、この星は十二獣帯にそって移動し、二千六百四十年後にようやく再び出発点に戻ってくる。

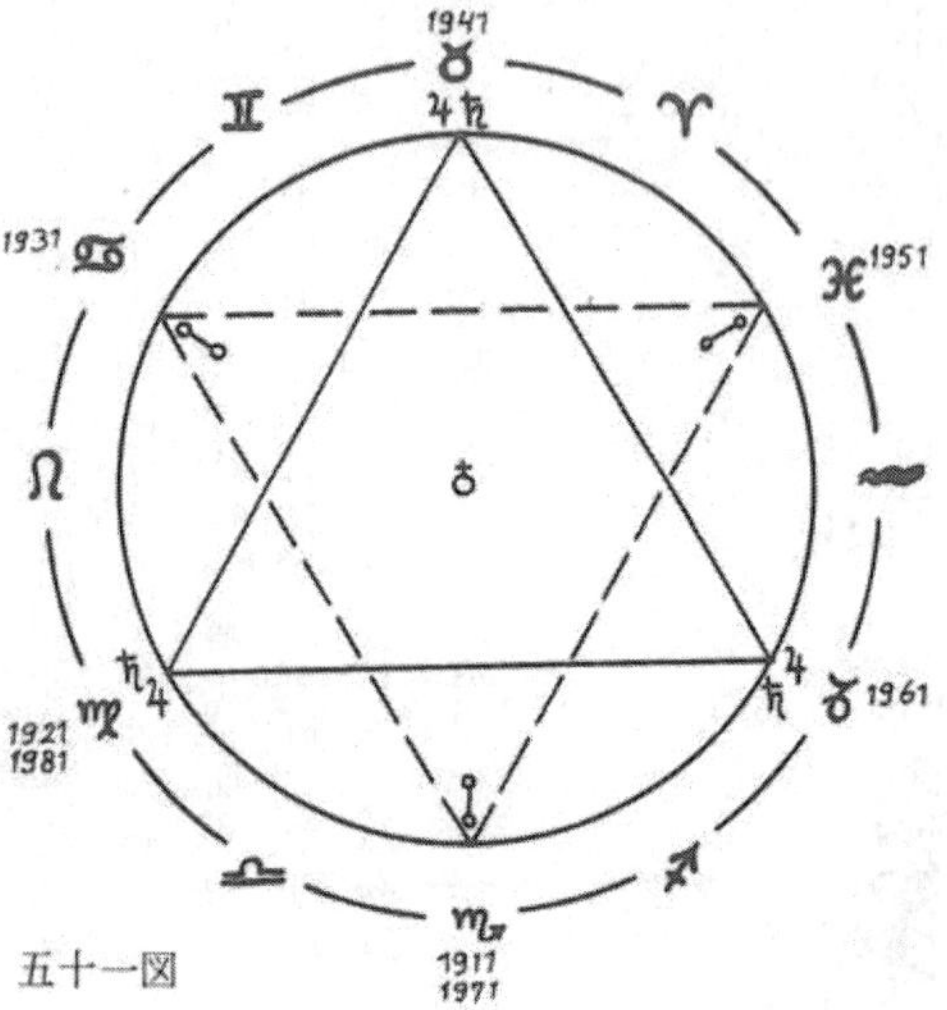

五十一図

　木星と土星の合には、もう一つ別の特性がある。合が惑星が蝶形運動を形成している期間中に起こることも、もちろんありうる。その時には、早く進む木星が三回土星を追い越していくことが起こりうる。これは三重合、ないしは大合というものである。この現象は一九四〇年から四一年にかけて、おひつじ座で生じた。一九八一年にもまた、三重合が生ずるであろう。

　火星の大変活発な動きと「無鉄砲さ」は、火星が蝶形運動を形成する時にも現われる。これは木星と土星よりもずっと大きいにもかかわらず、それを描くのに、たった八十日しか必要としない。火星の朔望周期が約三ヶ月、恒星周期よりも長いために、火星はいつも蝶形運動を三ヶ月遅れて形成する。したがってそれは、十二獣帯の別のところで行なわれることになる。一九七五年の終わりから一九七六年の初めに蝶形運動は、おうし座とふたご座の間で生じ、一九七六年と一九七七年には、火星は全十二獣帯を大変興奮して走りぬけ、それから一九七七年の十二月十三日、かに座で蝶形運動をはじめた。この本の読者の中にも、ふたご座とかに座の間で冬空に高く

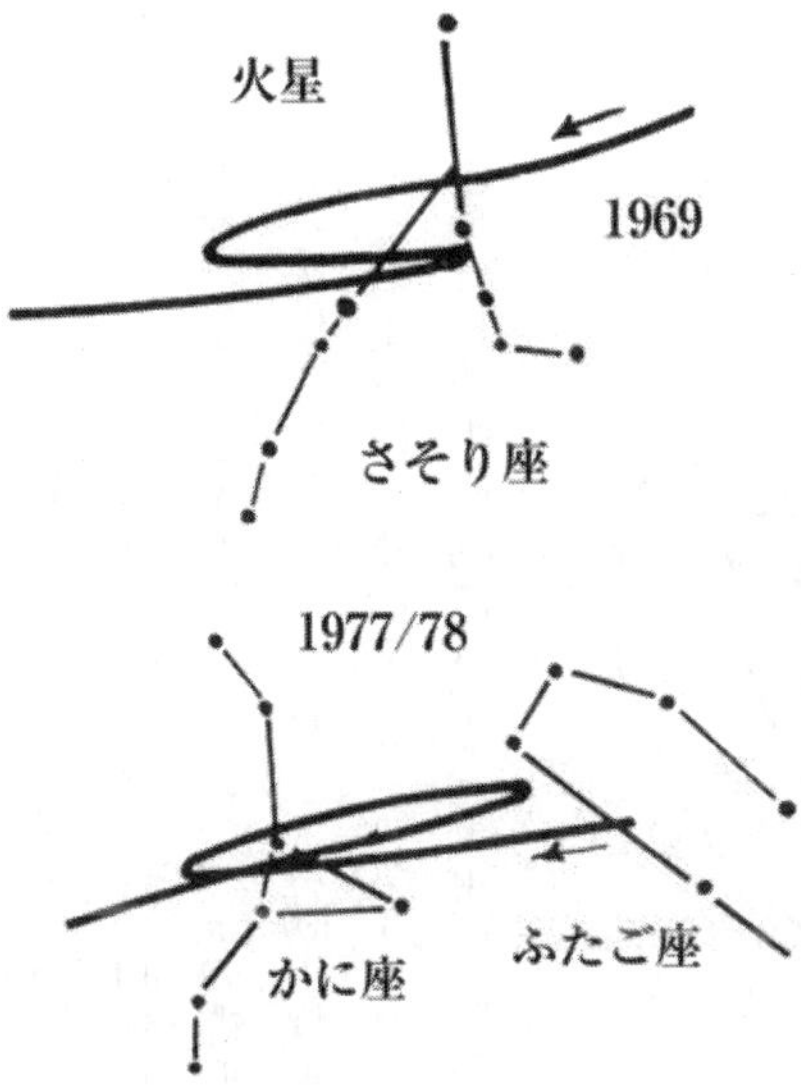

五十二図

形成されたこの蝶形運動を観察した人は多いことであろう。赤い火星が天空で描いてみせた姿は実に力強いものであった。火星の蝶形運動の形はそのつど違っており、木星と金星のそれよりもはるかに乱暴である（五十二図）。

約十六年間に、火星は八つの蝶形運動を形成し、九つ目の蝶形運動は、再びほぼ最初の時と同じ位置で形成される。その間に太陽との合がある。三十二年間で十二獣帯の間には十六回その姿を私達は書き込むことができるが、その形は大変不規則である。なぜなら火星は、たとえば近日点の近くでは、自分の軌道を大変早く通過し、地球からかなり近いところで見られるからである（五十三図）。

一度、外惑星の蝶形運動を手で描いてみよう。その際私達は、自分の頭を惑星軌道の中心点に向けるように、しなければならない。最初に、互いにごく接近した距離で次々と生ずる土星の蝶形運動を描いてみて、次に宇宙の上に規則正しく十二等分された、堂々たる木星の蝶形運動を描くことを試み、最後に火星の蝶形運動を描く。それにはまず、大きくて幅

広い蝶形運動を一つ速い速度で描き、それからぐるりと一回りして、前より少し先の方に二つ目の蝶形運動を描き、さらにもう一度ぐるりと一回りして、二つ目よりちょっと先の場所に、三つ目の蝶形運動を描き、そのようにして九つ目が、最初の蝶形運動のそばにくるようにするのである。

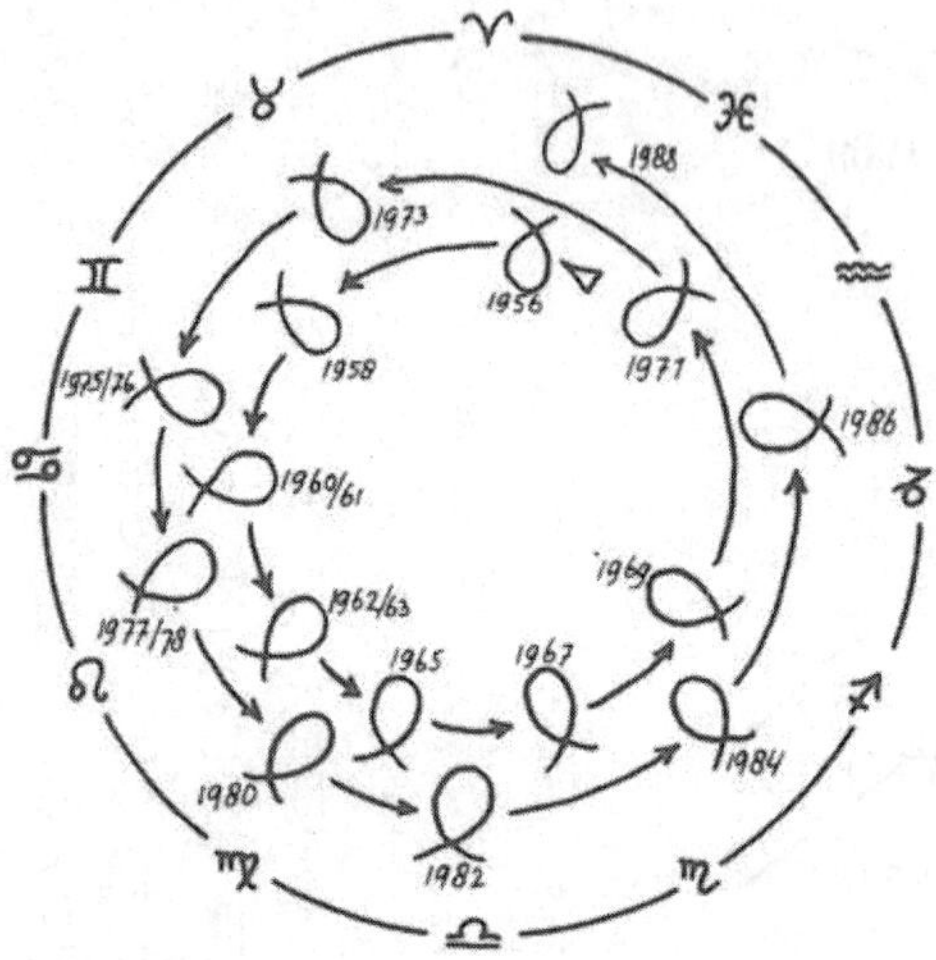

五十三図

蝶形運動は地球中心的にも、また太陽中心的にも、つまりプトレマイオス流にもコペルニクス流にも説明できる。惑星の蝶形運動は、知覚を通してとらえられる現象であり、それぞれの蝶形運動の違いは、それぞれの惑星の違いを表現しているのである。

ケプラーの第三法則は、惑星体系がその相互距離関係においても運行周期においても、一つの調和的宇宙的合法性に基づいているということを確信させる。十八世紀になって、チチウス・ボーデの法則によって、この合法性は数学的にもまた確認された。しかしこの法則は、天文学者達に一つの問題を提起した。それはチチウス・ボーデの法則によると、火星軌道と木星軌道との間に一つの不連続が生じ、そこにはまだもう一つの惑星があるはずだということになったのである。ケプラーもまた、この推察を支持した。火星が太陽にかなり接近しており、衝の際に地球にきわめて近いところまでくるというのに、木星と土星はいつも互いに遠く離れているということは、誰でも気づくことである。実際一八〇一年になって、火星と木星との間に小さな天体が、前方に進んでいくのが発見された。これはまともな惑星ではなく小惑星（プラネイド）と名づけられたものだった。まもなくこの種の小惑星は、もっと多く発見された。最初に発見された小惑星がケレスと名づけられたので、次々と発見される小惑星達にも、神話からとった名前が与えられていたが、そのうちそれができなくなってしまった。というのは、続々と小惑星が発見され、天体の撮影が可能になって以来、ますますその数が増加したからである。これまで発見された小惑星の数は、数千に及ぶ。西暦一六〇〇年頃からは、軌道の計算もなされている。小惑星はそれぞれが固有の軌道をもっている。最も外側にあるヒダルゴの軌道は、土星の軌道を横切り、イカルスの軌道は水星軌道と交差し、最も太陽の近くにやってくる。それらの諸惑星はしかし、肉眼では見ることができない。これら小惑星がある一つの惑星の破片であって、この惑星は宇宙内で起こった事故のために破壊されたのだと考えられる。古代に知られていなかった外惑星もあるが、それはこれらが、望遠鏡なしでは見ることができないものだからである。

これらのうちで最初に発見されたのは、天王星（♅）である。天王星の発見者は、イギリスのオーボエ奏者であり軍楽隊の指揮者でもあった、ハーシェルである。彼は自分で作った望遠鏡で、一七八一年に偶然に天王星を発見した。天王星の恒星周期は八十四年と少々であり、朔望周期は三百六十九日である。惑星はゆっくり移動すればするだけ、太陽との出会いはより早く生じる。——海王星（♆）の恒星周期は百六十四日であり、冥王星（♇）のそれは二百五十日であると考えられているから、この二つの朔望周期は一太陽年よりもずっと長いということはありえない。この二つの惑星は最も遠く離れた惑星なのであるが、その発見はいわば机の上の計算によってなされた。天王星軌道に変調が現われ、この変調は外部から、まだ知られていない惑星によって引き起こされたに違いないと推論された。様々な数値をもとにして、未知の惑星の位置が計算された。そして一八四六年にドイツ人のガルレは、フランス人のルベリエの計算に基づいて海王星を発見したのである。——冥王星の位置する場所もまた、あらかじめ計算された。この星は一九三〇年にアメリカで発見された。冥王星の運行の仕方は、多くの天文学者に、冥王星がもともと本当に惑星であるのかどうかという疑問を抱かせている。たとえば近日点では、冥王星は海王星よりも太陽に近い。冥王星の交点は大変風変わりであり、黄道との角度は十七度以上である。（訳注。冥王星[めいおうせい、134340 Pluto]は、太陽系外縁天体内のサブグループ〈冥王星型天体〉の代表例とされる、準惑星に区分される天体である。二〇〇六年までは太陽系第九惑星とされていた。《インターネットのウィキペディア辞典による》）

　星空が人間の日常生活の一要素であり、その美しさは人間を魅了するゆえに星空を研究してみたいと思っている素人《しろうと》達にとっては、この最後に発見された三個の惑星は重要ではない。それらの惑星を発見するためには、性能のすぐれた望遠鏡を必要とする。私達は次の章で古典的惑星達が決してふみはずすことのない惑星体系の法則を、この三惑星が完全には守っていないということを知るであろう。

第十一章　惑星についての補足

ガリレイはオランダから入手した製法を用いて望遠鏡を組み立て、それによって一六一〇年に木星をめぐる月を発見した。彼はそれらにメディチ家の星と命名した。というのは、彼が望遠鏡で見たその姿は、薬剤師を祖先にもつフィレンツェの支配者の紋章の中にある丸薬の粒に似ていたからである。

土星の月の中で最も大きなこの四個の月は、倍率の低い望遠鏡でも十分に見ることができる。そしてそれらは魅惑的で、興味あるものである。この四つの月が惑星の後から現われ出てきて、再び惑星の後に隠れるのはよく観察できる。そして彼等が木星の表面に円錐形の影を投げるのも見え、彼等が時々暗くなるのも見える。四つの月はそれぞれの周期をもっており、望遠鏡を木星の方に向けると天文愛好家は、どの月がはっきり見えるか、どのような蝕が観察されるかと、胸をときめかさざるをえない。これら四個の月の他にも、最近六十年間に十三個の木星衛星（訳注、一九八一年現在十五個）が発見されたが、これらは口径の大きいレンズを用いないと見ることができない。それらのほとんどは大変小さい。

木星は地球より約千三百十倍大きく、約十時間で自分の軸のまわりを回転している。望遠鏡を用いればまた、木星が両極でぐっとおしつぶされているのが見える。木星の表面には幅広い縞模様があり、この縞は変化し、色もまた変化する。また、時おり消失する斑点がある。一六六四年に発見された大きい赤い斑点は、時々全く消えてしまい、それから再び赤熱して浮かび上がる。長い間望遠鏡で木星を観察すると、この惑星はガスの雲からできており、たえまなく内部が動いているという印象を受ける。木星の密度は、地球の四分の一である。いずれにせよ、地球よりずっと「気体」的である。

木星を視界にいれたらすぐに望遠鏡をゆっくりずらして、惑星自体ではなく、その周囲の一部が対物レンズに入るようにするとよい。この動作を本当にゆっくりと行なうと、ある瞬間に、木星の周囲が暗い天空とは全く違った様相を示すのが見える。また木星の周囲を右、左、上、下と見ていくと、木星が桃の花の色に似た透明なバラ色の幅広いかさに取り囲まれているということがわかる。天文学はこの現象にほとんど全く注目していないが、しかし一度このことに気がつけば、その時、他の惑星に見られないこのバラ色の輝きが、土星の環が土星の特質を示すのと同様に、木星の特質を示すものであることがわかる。

土星の環は一六五五年、クリスチャン・ホイヘンスによって発見された。この惑星のもつ数個の月もまた、当時初めて発見された。今日までに、土星の月は十個（訳注、一九八一年現在十五個）発見されているが、しかしそれらは、木星の月の姿ほどには魅惑的ではない。土星ではなんといっても、その環が最も興味深い。したがって、それが最も重要な観察対象である。環は口径の低い望遠鏡でも見られるとはいえ、口径を大きくしていけば興味は増大していくだろう。この環が実際は三つの環からできているということも、わかってくる。また土星の軸が黄道面とは垂直でないので、一年の間にたびたび、環が惑星に対して位置を変えるのも見える。環は太陽のまわりを一回りする間に二回最もはっきり見え、またその間に二回、大口径のものでも見ることの難しい、縞模様とほとんど見分けられない位細い、線になる。

土星は地球より七百六十倍大きく、自分の軸を十時間あまりで回転する。木星はまるで雲から成り立っているような印象を与え、地球より四倍も「希薄」だが、土星の密度は地球の十三パーセントしかなく、したがって木星よりもさらに希薄である。

火星の密度はそれに反して木星より大きいが、しかし地球よりは少ない。火星上には水蒸気のあることが確認されており、それによっていわゆる極冠の現象が説明できる。極冠は火星の四季の変化とともに、大きくなったり小さくなったりする。火星と太陽との間の距離は、平均して地球と太陽との間の距離の一・五倍にすぎず、火星の軌道がひどく偏っているので、これよりもさらに小さい時さえあるため、また火星の軸の傾きと地球のそれがあまり違っていないので、火星における一年の太陽光線の浴び方は、地球における四季の変化によく似ている。ただ火星の一年は、地球の一年のほぼ二倍の長さである

火星は地球から時々よく観察できるから、火星上で観察される現象を、地球上の事象と比較したいという誘惑は大きい。たとえば、火星上の色彩の変化を、夏における植物の繁茂と秋の黄葉のせいだと見る人がある。また火星表面上にある直線状の構造を、地球上に作った運河と比較した人もいる。もちろんそれらは仮定の説明にすぎない。宇宙飛行が発達すれば、デルタ地帯や緑の熱帯や、アメリカの黄金の穀倉地帯などを色彩によって識別できるのは、地球からどの程度の距離までなのかが、はっきりするであろう。

火星は地球よりずっと小さい。火星の自転は地球より四十一分長い。したがって一火星年は、六六九・八日である。火星で特徴的なのは二つの月または番人である。これらは一八七七年にワシントンで発見され、フォボスおよびダイモスと名づけられた。それは畏敬と恐怖を意味し、戦いの神マルスの従者である。

ダイモスは外側の番人で、火星のまわりを一・五火星日で回るがフォボスはこの間に火星のまわりを三回あまり回る。これを仮に地球の月にあてはめて考えてみると、今の月より七分の一の距離のところに、それよりずっと小さな月が回ることになる。そして一晩に二度西から昇り、二度東へ沈む。そういうことがわかればきっと私達は、もっとしばしば火星の二つの月を眺めるようになるだろうし、私達の人生に果たすこれら二つの月の役割は、もっと重要なものとなるであろう。引き潮と上げ潮がその際にどうなるのか、とても想像さえできない！　私達が私達のたった一つの衛星である静かに運行する月に、結びつけられているよりも、はるかに強く、火星は火星の二つの月にしばりつけられているのは明らかである。

水星と金星は衛星をもたない。地球とそれらの惑星の距離は、地球と太陽との距離より少ないにもかかわらず、内惑星の表面の特徴すら、まだとらえら

れていない。この点で、内惑星は外惑星と本質的に相違する。

別の面においても、内惑星は外惑星と相違している。私達はすでに、金星はいつも太陽の近くで捜さなくてはならないといった。(水星と金星は同じ条件下にあるが、金星から出発する方がわかりやすい。というのは、金星は規則的に観察できるからである。)金星は四十八度以上は太陽から離れることはできない。この角度は、月が上弦および下弦にくる時に太陽と月の間で作る角度の、約半分あまりである。太陽が一年で十二獣帯にそって軌道を描くという観点から出発すれば、太陽が金星と金星軌道とをひきつれて動かざるをえないことも自然に理解される。金星の位置、つまり十二獣帯のどの星座に金星が見えるかということは、金星自身の運動にのみ関係するのではなく、太陽の動きともまた関係するのである。

コペルニクス体系によれば、太陽は二年かかって地球のまわりを回るのではなく、地球が太陽のまわりを回るのだと考えられる。そうだとすると金星の位置する場所は、金星自身の運行と、地球の運行と に関係することになる。しかし地球が太陽のまわりを動くのだと私達が考える時、地球より太陽に近い金星もまた、一年のうちに太陽のまわりを一周する道を描かなくてはならない。人々はこの軌道が二百二十五日であると計算し、それを金星の恒星周期と名づけた。水星の恒星周期は八十八日である。内惑星は実際、算出された時間の後、だいたい再び同じ十二獣帯上の位置に戻ってくる。金星の場合はしかし、その姿を見せる星座がどうであろうと、それは私達にとってどうでもよいことである。金星軌道の観察の際、私達にとって一番大切なことは、金星が宵の明星なのか明けの明星なのか、明るく輝くか、西の空に弱く見られるにすぎないかどうかである。そして同じ現象が、そのたびに別の月に生ずるから、背景となる星座もそのたびに違ってしまう。――外惑星の恒星周期は、現実に目に見えるものである。私達は木星が十二年後に再び同じ星座にやってくるのを見る。この場合には、毎年惑星に追いつくのは地球であって太陽ではないという事実を用いて、朔望軌道を説明することは困難ではない。金星にあっては、それはずっと困難である。困難というよりはむしろ、この件に関して、私達の思考に対していくらかでも現実味のあるイメージを描くことは、実際のところ不可能である。

金星が自分の軌道の中心点として、太陽のまわりを回るということは疑うことができない。私達は金星が太陽の後側に隠れ、太陽から離れ再び太陽に戻ってくるのを見る。私達は金星が別の側から再び見えるようになる前に、一度地球と太陽の間を通り抜けるのを見る。しかし金星は一朔望周期の間に、太陽のまわりを回る軌道を二・五回以上も回らなければならないということは、人間の知覚体験と一致しない。この点に関しては、プトレマイオスは、はるかにわかりやすい説明を金星軌道に対して行なった。彼によると金星と水星の軌道の中心点は、太陽ときわめて強く結びつけられており、太陽と一緒に一年で地球のまわりを一回りするというのである。惑星自身はそれぞれの朔望周期の間に、周転円上を回るとするのである。

このようにいうのは、決してプトレマイオス体系がコペルニクス体系より、「よりよい」と主張するためではない。すべての天空現象の完全無欠な説明を見出そうという観点から出発する限り、宇宙に関するどんな解釈も不十分なものといわねばならないのである。どんな説明法も常に、ある時代の思考表象能力の表われなのである。チコ・ブラーエの体系も「不十分」なものであった。古代においても様々な見解があったし、未来においても、おそらく新しい考え方が生み出されるであろう。

最も外側にある、肉眼では見ることのできない惑星の天王星と海王星もまた、衛星をもっている。天王星では、これまでに発見された五個の衛星は反対方向、つまり東から西へと運行している。天王星自身の軌道は黄道面のかなり近くにあるが、衛星の軌道は、天王星の軌道とほぼ直角をなしている。このことは、実際のところ私達の太陽系の惑星にしては珍しい。海王星もまた、通常の法則に完全にはしたがっていない。海王星の衛星の一つもまた逆行する。衛星軌道は、黄道と三十五度の角度をなしている。

冥王星についてはまだほとんど何も知られていな

い。冥王星が本当に惑星なのかどうかすら、いまだに確定的ではない（前の訳注を参照のこと）。冥王星の軌道は黄道と十七度の角度をなし、偏心率は水星よりさらに大きい。

この三つの惑星は素人《しろうと》にとっては、ほとんど興味のないものである。天王星は確かに、どこを捜せばよいかがわかっていれば、時おりアマチュアの望遠鏡でも見ることができるが、それにしてもこの三つとも、私達の日常の生活圏には属していない。人類が星座を地球に属するものとして体験してきた数千年の歴史の中で、この三惑星は人類に知られていなかった。三惑星が私達の惑星体系の法則性に強く結びつけられていないということは、三惑星が、木星や土星と同じような意味では、この惑星系に属していないということの証明であるかもしれない。星空の出来事を思索しつつ追跡し、私達の惑星系について可能な限り生き生きした像を描きたいと思っている人は、遅れて発見された諸惑星を重視しなくてもよい。燦然と輝く木星、つつましい土星、赤い火星、美しい金星、足の速い水星が、何度も規則正しく夜空に輝くのを眺めながら、私達はこれらの惑星の運行を熟知することができる。——しかし単にそれらの運行やリズムのみならず、各々の本質をも、言いかえれば、ある惑星が他の惑星と自分を区別しているいわゆる特質をも、私達は知ることができるのである。そして惑星軌道の諸要素と名づけられているもの、つまり運行速度、偏心率、黄道に対する軌道の傾斜、蝶形運動の身振り等々はすべて、惑星の特質を表現するものなのである。こうして私達の惑星系では、諸惑星が相互に作用し合っているのである。それぞれの惑星空間は十二獣帯に対して個別の位置をもち、またそれぞれが、その活動にそれぞれの限界をもっている。限界は惑星の軌道という目に見える形で与えられている。惑星運行の速度、太陽または地球からの距離などは、決して無秩序なものではない。それらは惑星達が相互に確定し合ったものである。ケプラーは彼の第三法則によって、そのことを表現した。彼は宇宙の調和のとれた秩序に魂の深みまでひたされていた。——調和のとれた秩序を、ギリシャ語でコスモス（宇宙）という。人間はとらわれのない目で天空の現象を観察する時、思考の働きによって宇宙の秩序を追跡することができる。その際に地球中心的に説明するか、太陽中心的に説明するかは、あまりたいした問題ではない。人間は自らを中心点として体験することから、はじめなくてはならない。なぜならば、人間は自分が本当に観察を通して認識したいと思っていることのすべてを、一度自分自身の固有の空間に映してみなければならないからである。感銘深い姿をした星空、様々な位相を示す月、固有の特性をもった惑星、明けの明星、宵の明星などが、一人一人の人間の体験の不可欠の要素となる時、その人間の生活内容は一層豊かになるに違いない。

監修者あとがき

新田義之

私達は学校で植物学や動物学を学び、地質学や天文学を教えられたはずだが、よほど特殊な興味をもって自発的におぼえようとした人を除けば、ごくありふれた草花の名も知らず昆虫も見分けられず、夜空に光る星の種類も、それぞれの星の固有の動きもわからないのが普通である。これはもちろん個人の責任ではあるが、学校教育にも全く罪が無いとは言えないように思われる。現在の学校においては、こういった一番身近な自然現象について直接体験を尊重し、それを深め高めて行くという努力がなされておらず、植物学ならば抽象的に図式化した種や属の特徴をもとにしての分類とか、細胞分裂や遺伝のしくみなどの概念的な学習に走り、天文学では宇宙の拡大やブラックホールや惑星の物質的構造などに焦点をあてて、実際に目に見えるどの星が木星なのか、それがどのように運動するかなどは余り問題にしないようである。

したがって私達が自然と直接に知り合いになって行く道はだんだんとざされており、自然とのかかわり方が抽象的概念的となるので、自然を直接に取り扱う農業とか、食用動物飼育とかにたずさわる人々の姿勢も、いきおい非自然的になって行かざるを得ない。農業における生態系の破壊や、食肉の薬品汚染などの問題も、もとをただせば学校教育のこのような抽象的概念的傾向に因を持つと言ってよい。

天体が地球のまわりを回わっているのか、それとも地球自体が動いているのかは別として、太陽はもとより月も惑星も恒星も、私達の生活ときわめて深い関係を持っているのは言をまたない。動・植物の生態を研究するにも農業を営むにも、旅行をするにも、小説や詩を鑑賞するにも、すなわち生活のどんな面をとってみても、地上から見上げる月や星の姿とその動きはどうしても知っておかなければならない知識の一つである。これほど明らかな事実に訳者の市村さんと私が気づいたのは、実をいうとごく最近のことであった。私達は数年前に一緒にルドルフ・シュタイナーの『農業講座』を読み、日本の有機農業との関連において人智学的農業の勉強に手をつけたが、当然のことながら私達はそこで私達の持つ天文学の知識の偏りに気づかされた。私達は地動説を基本としながらも地球を中心とした天体の動きを理解しないと、地上で営まれる生活に対して何の実りも無いことを、おそまきながら悟ったのである。

市村さんに頼まれて私はそれから私達の知識の欠けを補うための文献を捜した。そして苦心の末いくつか私達の要求をみたしてくれるものを見つけたが、その中でも最も生彩のある作品と思われたのがこの本である。この本を私達は週一回一時間半ずつ読み、ほぼ半年かけて読み終わり熱心な市村さんは直ちに翻訳にかかって、半年かけて一応訳しおえた。その訳稿を原文と照らし合わせて私が目を通し終わった後、やはりこのユニークな本を出版して、私達と同じ思いをしている人達に読んで貰うことが望ましいという結論に達したのである。

しかし、この本の版権をとることは、色々の事情から大変困難であった。長い年月をかけてねばり強く交渉を重ね、問題をすべて解決し、この本を世に送り出すことに成功したのは、人智学出版社社主河西善治氏の功である。心からその労に感謝したい。

この本はオランダのヴァルドルフ学校教師エリザベート・ムルデル女史の著で、原題を **Zon, maan en sterren** といい、一九八〇年にドイツ語訳がでた。この本にまとめられたような観点で、これほど高度の授業がヴァルドルフ学校で行われていることは、多少とも日本の（高等学校を含めての）中等教育の実情を知るものにとっては、大きな驚きであったことを付記せざるをえない。

一九八八年三月七日

訳者あとがき

市村温司

私達が農業を志したのは、特別農業が好きでもあったわけでもなく、親が農業をしていて幼少の頃から農業に慣れ親しんだ経験があって、中年すぎて農業に回帰しようと思いたったわけでもない。無農薬、化学肥料なしの野菜を自分だけいいかっこうをして食べてみようと思ったわけでもない。農業ははたでみるほどいいものではない。

農業実践をして今年の三月末でまる七年になるのであるが、年年農業の辛さが体にこたえるようになってきている。手作業による労働には限界がある。今年は一つの転換期となるようにも感じている。田の耕作、泥に足をとられながらの土ならしは、大変な重労働である。穂が目に届くまでの三回程度の田の草取りもかなりのものである。夏の畑の草取りも厳しい。空気のよどんだ暑気の中では五分でふらふらしてくる。好きだからやるのではない。せっかく植えた、きゅうりやとまとやなすが草に負けているのをみて、しゃくにさわるから、意地で草を刈る。好きで農業をやっているとか、趣味でやっていてうらやましいとか、とんでもないことである。大自然と闘ってほんのわずかな食料を得ていた時代の人間の体力は現代の人間にはない。人間の手は重い鍬を持つ必要がなくなって、キーボードをたたくだけのごくわずかな力があれば生きていけるようになった。しかしこの秩父に近い山の中では、逞しい手がいる。逞しい足腰がなければ土を耕せない。百姓経験の皆無な者が、七年間歯をくいしばって、ものにつかれたように土をほじくりかえしてきた。家族全員に無理じいをしてきた。しかしここらで方向転換をする必要にせまられてきている。精神的にも体力的にも限界がきた。

労働が厳しすぎて、精神的な余裕がない。楽しむことがまことに少ない。収穫できてあたりまえ、できなかったら悲惨な思いだけが尾をひく。

できるだけ農事暦に従って、作付けし、草を刈り、枝をはらい、施肥をし、収穫したいのがやまやまなのであるが、週一回の手作業ではそうは簡単に計画通りにはいかない。せいぜい種播きの日と収穫の日を立て札に記入するぐらいである。それもままならぬことが多い。とても、年度ごとの収量を比較することなど不可能である。三月中旬にじゃがいもをまきつける。七月に収穫する。ただちに次のまきつけのための準備にはいって、二週間後には、種をまく。一回収穫したら、次の年迄そこをねかせておくといった余裕はないのだ。家庭菜園にしては広すぎるし、実験農場にするには余りにせますぎる。今年は転換期になるといったのは、そうしたあてずっぽうな農作業に嫌気がさしたためもある。私の用いているドイツの農事暦をみても分かるのであるが、有機農法で行う農場はかなりの規模である。大農業である。大型トラクターを導入している。手作業はあまり見たことがない。実験農場にしていくには、大規模農業にして、機械を導入するしかない。手作業はもう充分やりつくした。しかし大規模農業を行うには、専業者にならなければならない。今すぐには無理な話であるが、そういう方向に向けていく準備を今年から開始したい。

農事暦では天体における月の位置が最も重要な役割をはたしている。月は十四日かかって、いて座からふたご座、ふたご座からいて座へ移動している。ふたご座からいて座に移動する十四日間を植物期とよんでいて、この時期が作物に手をいれるのに重要な期間となる。できるだけ忠実に農事暦通りに作業を行いたいのはやまやまなのであるが、ただ何年かやってみて、ドイツと日本では緯度、経度が異るため、ドイツの農事暦がそのまま日本のこの山の中でもあてはまるというわけにはいかないことが分かってきた。例えばじゃがいものまきつけは当地では三月半ばで終えるのが慣例であるが、ドイツではずっと遅れている。農事暦は勿論参考にはするが、実践の場では当地にあった作付けをしなければならない。当地に最適な作付け日をみいだすためには、まだまだ多くの実験、経験をへなければならない。単純に万事を農事暦通りにやってよしとするほど現実は生易しくはない。本格的な実験農場として本当の意味で出発できるのはまだ数年先である。私が世間に何かしらの問題提起ができるのは、これからずっと先のことだ。その間、じっと地味な下準備に骨をおらなければならない。

当地で私は、近隣の百姓から奇異な目でみられ続けてきた。けてきた。八十七年、六年目にしてはじめて、自分の籾から苗を作り、完全無農薬、完全堆肥（鶏糞、米糠、おから、稲藁）で約二・八畝の田から約一俵の米がとれ、私の存在が理解され始めた。途方もない無駄な時間と労力をついやして、美味しいとはとてもいいかねるが、しかし本物の米を自分の手で作りだした。

冒頭で申したように、私は楽しくて農業をしているのではない。農業は重労働である。はるかに自分の体力を超えている。家族に無理じいをしている。それでもなぜ、農業をするのか。それは植物が、天体の動きを写し出しているということにある。私は霊的な存在があることを文字で知ることがあっても自身で感受する程の能力はない。過去の自己存在が現在に生きており、また未来にも生き続けるという高次な体験をしたことはない。またそういう認識力をあえて身につけようとも思わない。ただ植物は私の目の前にある。植物は天体を写している。植物を自らのものとして慈しむことで、天体を感受できる。天体を感受できることによって、地球上に個として一人孤絶している自分が天体の中に包含される。脆弱たる個が天体、宇宙全体の中で生かされる。このような感受は人間存在の寂しく悲しい境遇を高次の世界へといざなってくれる。人間は孤を癒し、全体の中で息づく。このような感受は、人間に大きな生きる力を与えてくれはしないだろうか。植物を慈しむことによって、人間としての孤独を癒し、もろもろの関連の中へ自己を解放する。この点に、現在の私の願いがある。だから私は百姓を実践する。したがって植物が最も天体の動きに敏感に反応する時にこそ農作業を行う必要がある。自分の都合でかってに種播きをすることは無意味なことである。

既に人智学出版社から刊行されている『農業講座』の原書は新田先生がお持ちになっていて、それを私が見せていただいたのは十年以上も前のことである。シュタイナーが農業になみなみならぬ関心をもっていたことを知って私は非常に感動し、喜び、その時すでに先生に是非翻訳して下さるようにお願いしたのであった。先生は全く専門外のこととてとまどわれたことであろうが、それにもかかわらず、さっそく第三話まで、『ルドルフ・シュタイナー研究』に訳出された。ひきつづき興味をもちつづけた私は、その後、さらに読みこなしていくためには、どうしても天文の知識が必要なことを悟り、いったん農業講座の読解を中断し、先生にお願いして本書を探していただいた。科学的なことには興味があっても能力としてついていけないために、科学的なことは私の範疇にないとあきらめていた私にとって、この本は恰好の自然科学への導き書となった。私のように無能力で専門的な知識がない者にとってこそ、かえってこの本は新鮮な感動を与えてくれた。私は宇宙参入への手がかりをこの本で得ることができたのであった。

しかし残念ながら、この本の版権がとれないことがわかり、私のように天文に興味をもっても、その世界に入る手がかりをもたない多くの人達に、一刻もはやくこのような本があることを知らせたいという衝動にかられ、自身でワープロを叩き、自家本にしたのである。八十四年十月のことである。

さて不可能と思われていた版権が河西さんの尽力により、予期せずして昨年の一月にとれ、河西さんの手で出版できたことは、非常に喜びとするところである。新田先生のお喜びもどれほどかと察せられる。

農業講座同様、この本も原文の読みはほとんど先生御自身がなされたものである。私は自分の疑問の点を先生に正させてもらっただけである。能力に恵まれない私に、このような高度の内容の本を精読できるようにしむけていただいたことに、ただ感謝するのみである。

付記　原書には、星座早見表が付録として入っている。しかし、アムステルダムと東京とは同じ北半球に属し、緯度もそれほどの違いがないため、日本の各社で出している星座早見表で充分通用するので、今回は割愛してある。御了承下さい。

文中の農事暦は、原題『Aussaattage』でM.Thun-Verlage（Biedenkopf Lahn）刊である。

本書は1989年3月に人智学出版社より発行された『星空への旅』を復刊したものです。復刊に際しては、発行当時の時代背景を考慮して原本をできるだけ活かすこととしましたが、監修者による若干の語句の修正が行われています。

監修者・新田義之氏、訳者・市村温司氏、および人智学出版社代表の故河西善治氏には復刊に際して大変お世話になりました。
ここに記して、感謝の意を表します。

星空への旅

2012年5月15日　初版第1刷発行
著　者　　エリザベート・ムルデル
監修者　　新田義之
訳　者　　市村温司
発行人　　安　修平
発　行　　株式会社みくに出版
〒150-0021　東京都渋谷区恵比寿西2-3-14
電話　03-3770-6930　FAX.03-3770-6931
http://www. mikuni-webshop.com
ISBN978-4-8403-0481-8　　C0044